国家南繁硅谷平台的
构建与运营研究

陈冠铭　孙继华　韩瑞玺　著

中国农业出版社
北　京

作者介绍
ZUOZHE JIESHAO

陈冠铭 1978 年生，海南热带海洋学院研究员、海南大学三亚南繁院（崖州湾种子实验室）PI，中国共产党海南省第七次代表、三亚市第七届人大常委会委员，中国农学会理事、海南省农学会副理事长、三亚农商银行三农专家委员会主任、《科技中国》编委，主要从事南繁科研与政策研究。荣获全国创新争先奖状，是全国五一劳动奖章获得者，被评为全国先进工作者，是海南省委重点联系服务专家，被授予海南省领军人才、海南省优专家和首批三亚市签约理论家等称号，先后获得省部级成果奖一等奖（6 次）和海南省青年科技奖等。

孙继华 1971 年生，中共党员，现任海南省社会科学院国际旅游岛研究所所长、研究员。海南省"南海名家"，海南省领军人才。主要从事公共政策、农业信息研究，主持和重点参与各级各类课题 50 余项、专著若干，发表论文百余篇。曾获省级奖励 2 项。

韩瑞玺 1985 年生，中共党员，博士，现任农业农村部科技发展中心植物新品种测试处副处长，高级农艺师。主要从事种业知识产权、植物新品种测试等研究，发表论文 10 余篇，参与制订农业行业标准 6 项，获神农中华农业科技奖二等奖 1 项。

农为国之本，种为农之魂。种业是我国农业现代化的基础产业，南繁硅谷是"中国饭碗"最坚实的支撑。建成集科研、生产、销售、科技交流、成果孵化为一体的服务全国、影响世界的南繁硅谷，是落实习近平总书记殷殷嘱托、加快建设海南自由贸易港的重要举措。

自主创新攻关、创新能力提升和科技平台构建是南繁硅谷建设的重要维度，也是促进南繁产业深度融合发展的重要手段。因此，如何依托科技力量，搭建现代种业重大创新平台，打造国家南繁硅谷和全球种业科学中心，推动我国种业高质量发展，是一项重要而紧迫的课题。陈冠铭、孙继华与韩瑞玺等著的《国家南繁硅谷平台的构建与运营研究》就是相关课题研究的重要成果之一。

《国家南繁硅谷平台的构建与运营研究》联系崖州湾科技城规划与建设的实际，从国家南繁硅谷平台构建、机制设计与机构重塑、资源整合、内核构筑、制度创新、产业融合等方面，探索创建中国特色的智慧育种 4.0 和中国特色的商业育种体系。同时，回应了当下南繁硅谷建设的若干热点：一是将医药行业 CRO、CMO、CSO 与南繁产业链进行了类比；二是提出了国家南繁硅谷平台今后的领导运行机制；三是提出了以崖州湾种子实验室为核心打造国家南繁硅谷科技创新平台；四是提出了以建设南繁北育体系与孵化器为基础打造国家南繁硅谷产业培育平台；五是提出了以种质资源引进中转基地与跨国合作机制为载体建设国家南繁硅谷国际发展平台。

《国家南繁硅谷平台的构建与运营研究》一书，是陈冠铭、孙继华与韩瑞玺等基于南繁产业的研究成果，可启迪南繁产业的实践者、研究者和管理者的思维，有益于我国南繁产业的集成创新和全产业链发展，期待他们在该领域能持续和更深入研究，为国家南繁事业发展做出新的贡献。

中国工程院院士 颜龙安

2021 年 10 月

　　种子是农业的命脉与芯片。2021年中央1号文件提出要加快推进农业现代化，打好种业翻身仗，加快建设南繁硅谷，促进育繁推一体化发展。依靠国家战略科技力量构筑南繁硅谷，实现现代种业全面发展，可为保障国家粮食安全做出更大贡献。

　　近年来，海南深入贯彻落实习近平总书记关于建成"南繁硅谷"的重要指示，"一城两地三园"建设全面推进，崖州湾科技城面貌日新月异，《国家南繁硅谷建设规划（2021—2030年）》加快落地，为我国种业发展打下了扎实的基础。如何在现有基础上构建和运营好南繁硅谷这一高层次的国家级创新平台，集成各类育种资源优势，全面推进我国南繁事业的发展，是一个十分重要也很有意义的课题。陈冠铭、孙继华与韩瑞玺等著的《国家南繁硅谷平台的构建与运营研究》恰逢其时。

　　《国家南繁硅谷平台的构建与运营研究》坚持问题导向、目标导向和结果导向，较系统地梳理了平台构建与运营的相关理论，提出了国家南繁硅谷平台构建策略和国家南繁硅谷平台业务领先模型，为各类南繁硅谷平台的构建与运营提供了可借鉴的系统解决方案。

　　《国家南繁硅谷平台的构建与运营研究》共十章，结构布局合理、层次分明、重点突出。值得关注的是，该书将国家南繁硅谷平台划分为环境支撑平台、科技创新平台、产业培育平台和国际发展平台等四大类平台，基本涵盖了《国家南繁硅谷建设规划（2021—2030年）》与海南自贸港先导园区"崖州湾科技城"在建的各类平台项目。该书可为南繁硅谷建设、管理、运营及公共政策研究提供有益参考。

中国科学院院士　谢华安

2021年10月

FOREWORD 前　言

　　习近平总书记两次嘱托要建成南繁硅谷，《国家南繁硅谷建设规划（2021—2030）》应运而生，涉及科技工程项目或产业支持体系投资体量数百亿级。从规划蓝图到项目落地再到科学运营，每一个环节都至关重要，关系到南繁硅谷能否按期建成和战略能否实现。因此，如何构建与运营国家南繁硅谷平台成为紧迫而现实的研究课题。本课题研究得到海南省社会科学院课题（项目编号：HNSKY2018007）和三亚市哲学社会科学课题（项目编号：SYSK2020-07）的立项资助，获得了主管部门的关注与支持。

　　南繁硅谷建设是国家立足海南特色资源优势、区位优势和自贸港制度创新优势，推进我国种业全面深化改革开放的重大工程，对加快我国种业科技自立自强、实现种源自主和促进种业现代化发展，具有重大意义。通过统筹三亚崖州湾科技城规划与建设，系统性构建南繁硅谷各类平台，可以网合各类资源、构筑非凡内核、实施制度创新，从而培育良好的南繁科研与产业生态。贯彻落实《国家南繁硅谷建设规划（2021—2030）》和中央全面深化改革委员会第二十次会议审议通过的《种业振兴行动方案》，深入研究、科学创建和规范运营科技平台和产业平台，符合国家南繁硅谷规划与建设的实际，符合对海南自贸港制度创新的期许。

　　《国家南繁硅谷平台的构建与运营研究》紧扣问题导向和目标导向，以理论为依托，重在平台的机制设计与平台的机构重塑，解码国家南繁硅谷平台战略，提升平台组织的执行能力，构筑南繁硅谷环境支撑平台，打造南繁硅谷科技创新平台、产业培育平台和国际发展平台，确保国家南繁硅谷平台高效、合理、科学地运营，联通传统育种、生物技术育种与人工智能（AI）育种，打造中国特色的智慧育种4.0和中国特色的商业育种体系，为南繁科研基础设施设备高质量建设与运营，为南繁产业高质量发展，为国家南繁硅谷服务全国、走向世界做出贡献。

由于著者能力有限，加之时间仓促，书中难免有错漏，恳请专家、学者和读者们批评指正（c8361@163.com）。

著　者

2021 年 9 月

CONTENTS 目 录

第一章
平台的内涵与应用情景

第一节　平台的内涵

一、火热的"平台"

"平台"一词让人产生无限遐想。现在是言必称平台，有观景平台、钻井平台、操作平台、条件平台、实验平台、软件平台、硬件平台、仿真平台、服务平台、技术平台、创新平台、电商平台、营销平台、视频平台、游戏平台、自媒体平台、社交平台、共享平台、资源平台、分享平台、融资平台、孵化平台、创业平台、发展平台、展示平台、宏观平台、微观平台等，各类平台数不胜数。

"平台"已任由装扮，成为一种流行的抽象符号。出现场地即平台、舞台即平台、中介即平台、组织即平台、体系即平台、市场即平台、环境即平台、园区即平台，甚至政策即平台、机制即平台、自贸区（自由贸易区）即平台。

"平台"的兴起得益于互联网经济，促使平台治理和平台战略成为一种新型的治理模式、管理模式、商业模式和战略路径。互联网经济已经成为 21 世纪发展的重要引擎，深刻地影响着人们生活、学习、工作、交往的方方面面。以亚马逊、阿里巴巴、京东、小米有品、必要等为代表的传统电商平台，以微信、Facebook、Twitter、抖音、微博、珍爱网等为代表的社交平台，以美团、饿了么、携程等为代表的生活服务平台，以拼多多、云集等为代表的社交电商平台，这些基于互联网、移动网络的产品和服务让"平台"一词炙手可热，深化了人们的认识，加速了组织和市场的变革，甚至是社会变迁。

与平台在生活中的火爆相比，与平台相关的书籍相对比较"低调"，数量较少。相关书籍主要集中在三大类，一是基于互联网或双边市场的平台经济类书籍，二是立足于科技创新或产业孵化的功能型平台类、公共平台类书籍，三是基于商业生态的平台思维，如平台化企业、战略创新平台。学术论文方面也基本集中在这三大类主题之中，部分涉及物理结构"平台"，如海洋平台。

二、平台的起源

"平台"一词自古有之。一指古台名。南朝萧子隆的《山居序》中有"西园多士，平台盛宾"的描述。唐代李白的《梁园吟》中有"天长水阔厌远涉，访古始及平台间"的诗句。二指供休憩、眺望等用的露天台榭①。唐代杜甫的《重过何氏》诗之三中有"落日平台上，春风啜茗时"的诗句。《牛津英语词典》收录"platform"，解释为"支撑个体和事

---

① 台榭，我国古代将夯土高墩称为台，在台上建木构房屋称为榭，两者合称为台榭，是春秋至汉代时期具有防潮和防御功能的建筑。

物活动的凸出平面，以满足各种不同的运营活动"，可与中文"平台"对应。

随着时代发展，世人赋予了平台更多的含义，在类比之上进行引申和扩展。福特汽车公司的建立者亨利·福特（Henry Ford）所著的《现代人》详细描述了平台，使平台方法得到管理理论界的关注[1]。

通过上面的介绍，平台一是指操作工作台，即一种物理平台，主要指生产和施工过程中为进行某种操作而设置的具有移动和升降功能的工作台，如海洋平台、高空作业平台；二是指资源共享枢纽，主要指为实现资源最大化利用而建设容纳共享设备设施的场所，如科技基础条件共享平台；三是指中介服务性组织，主要指提供特定增值服务，如知识平台、融资平台、孵化平台、社交平台；四是指交易场所，主要指基于互联（移动）网为销售者与潜在购买者建立联系的交易市场，如电商平台；五是指政策试验区，主要基于产业培育的需要，在体制机制以及相关政策上进行区域试点。

三、平台的内涵

从平台语义逐步宽泛和复杂上看，正确理解平台需要语境或限定词的配合才能精准地赋予它含义，需要在特定语境下才能理解它真正的意思。但不论是从露天台榭到作业平台，从作业平台到科技创新平台，从科技创新平台到服务平台，从服务平台到电商平台，从电商平台到平台生态，还是从微观概念发展到宏观概念，平台始终是一种服务于人或组织的特定软、硬件环境或生态环境，是一种非排他性的资源集成与共享的网络生态系统。平台不仅要融合内外部的资源、培育创新创业创造优势和推动"官（方）产学研中（介）金（融）"深度合作，还需要鼓励和刺激跨学科、跨领域、跨制度、跨民族的合作，促进和激励知识的整合、生产、分配、运用和增值，即平台的网合能力，通过超强的网合能力可以形成良好的平台生态系统，支持和服务相关企业和产业的发展。

以科研平台为例，科研平台是指在政府主导下，对科技资源进行战略重组和系统优化，以提高行业科技创新能力为目标，实现各类科技资源高效配置和综合应用，面向科研机构、高校和企业提供的一种公益性或半公益性的专业、共享、开放、交互的科技服务型组织或载体。

再以公共服务平台为例，公共服务平台是指政府基于促进经济发展、科技进步、社会文明等目标，面向社会或行业提供一种新型的专业、共享、开放、交互的、兼具服务性与公益性的知识型组织或支撑载体。公共为限定词，表明平台的属性，强调治理与非盈利性。

四、平台的类型

平台从最早的物理平台（具体平台），延伸到复杂的社会经济平台（抽象平台），除了最基本的支撑、承载、容纳、服务等基础功能外，还具备整合、协同、匹配、配置、价值传递等基本功能，以及根据各类平台的作用划分而具备的其他特有功能，见表1-1。

表1-1　各类平台的功能

基本功能	平台名称	特有功能	典型代表
坚持开放，强调契约，提高效率，制度支撑，决策支持，整合资源，聚集要素，打通数据，需求匹配，力促共享，节约资源，建立互信，增强交流，实现互动，促进协同，刺激合作，要素交易，提供服务，价值创造，价值集成，价值传递	管理平台	监管，协调，匹配，信息交互，营造良好的文化氛围	南繁硅谷云、联合政务平台
	产品平台	产品生产，重构组织生产活动	丰田TNGA
	科研平台	知识服务，共性技术研发，设备设施、信息资源、科学数据共享，项目资助，人才及团队培养，建立官学研产中合作机制	美国劳伦斯伯克利实验室、中国天眼
	技术平台	开发共性技术或设备、设施，设计、工艺与制造技术等工程应用，建立标准体系，提供测试与检测服务	DUS测试中心、基因测试中心
	科创平台	提供创新资源与要素汇集，创新方法支持，知识产权交易与转化，测试与中试等科技服务，建立官学研产中合作机制，重构创新活动，构建创新生态体系	InnoCentive、众研网、智慧岛
	云计算平台	基于云计算＋大数据＋AI，通过数据整合、分析，提供云计算服务，实现智能决策	Geno MAGIC
	商业平台	交易服务，营销服务，市场化	众研网
	电商平台	商品交易，市场化	淘宝、京东
	招商孵化平台	提供政策支撑，入驻服务，成果评价、产业资源导入、科技中介等服务，对接市场，建立官学研产中合作机制与商业生态体系	深圳软件园、科技成果转化服务平台
	投资融资平台	金融服务，模式设计服务，提供创新性金融产品	美国硅谷、Kickstarter

目前的平台研究主要集中在产品开发平台、产业公共平台、双边或多边交易平台和创新创业平台等方向上[2]，即在学术上，平台这一概念已超越了最初的工程结构概念。为了统一语境，下文中所提平台主要是指产品平台、产业平台、交易平台等，尤其是指聚焦于科技研发、产业孵化和公共服务等广义上的创新创业类平台（狭义上的创新创业平台是指大众创业、万众创新类"双创"平台）。

根据平台的营利特性，平台可分为企业平台和公共（政府）平台，二者的比较见表1-2[3]。

表1-2　企业平台和公共（政府）平台

	企业平台	公共（政府）平台
驱动机制	市场驱动，网络效应	公共需求，网络效应
价值导向	交易竞争，创新，效率效益	善治善政，公平公正，创新，秩序
目　　标	追求商业价值，强调营利性	实现公共价值，强调公益性
平台根基	企业资产，核心竞争力，行业影响力	公共资产与财政，权威、信任、共治
合约控制权	控制权很小	控制权更多，但基本权力开放
风险分担	平台不用直接承担经营风险	平台承担部分运作风险

五、平台的特征

1. 开放性[3]　平台的开放性是平台最直接的特征。要实现运行便捷通畅、资源自由流动与共享、协作互动、可重复使用，以及提高平台用户黏性，平台的结构、规则、标准、信息就要高度开放，平台运作权力、监督权力以及其他相关治理权力要互信共享、公平公开，能够吸纳融合多种资源，达到规模经济（Economies of Scale）和范围经济（Economies of Scope）。

2. 工具性　平台在技术结构上是一站式协同整合集成体系[3]，其可塑性强和科技含量高，便于应用、拓展、升级和演化，可以支撑平台的产品多样化，达到经济且高效。作为工具，平台具备模块化结构、界面（模块相互交流、协调与合作的架构与接口）和标准（秩序和规范），提供诸如支付、物流、担保等市场工具，或数据库、云计算、物联网产权评估等技术工具，或法律、财务、贸易等政策服务工具。

3. 中介性[3]　平台可联结不同类型的用户的服务或产品，属于中间性的服务类产品，对于使用者而言是一种载体、渠道、网络或中介，具备多边构架。平台要联通和整合多方的资源、能力和权责，推动跨组织、跨地域的多方协同协作，凸显整体的合力和竞争优势，满足多方的需求和发展。

4. 战略性[3]　平台要具有一套操作框架的治理模式，为组织发展提供多元供给与合作治理的战略支持。平台可以集成、融合并联结人才、技术（知识、知识产权）、资本和信息等各类创新资源，激活释放人才、技术、资本、信息等要素，协调平台内外的各类关系，具有灵敏的触发机制，增强其创新能力和响应未来的能力。

5. 创新性　创新成为破解经济难题的金钥匙。2014 年 11 月，习总书记在 APEC 工商领导人峰会开幕式主旨演讲中强调，"唯改革者进，唯创新者强，唯改革创新者胜"。创新创业平台不仅是科技创新的载体，同样也是制度、政策和管理创新的载体。

6. 交互性　平台是跨组织的集合体，在互联网＋、大数据的支持下，参与平台各方均能进行更大规模、更高效、更精准的实时数据交换和即时信息匹配，实现网络效应和数字赋能（Digital Empowerment）。因此，交互性正成为平台的重要特征。

六、平台的结构与关系

平台是一个跨微观和宏观的新组织形式。从微观层面上看，平台是基于多边架构、网络效应等平台核心特征而进行平台组织研究；但从宏观层面上看，平台既可以基于平台运营主体与平台参与主体的关系进行平台生态研究，又可以研究平台生态与外部制度环境之间的互动关系[2]。表 1－1 所示的平台，超越了其物理结构意义，类似于网络式联盟组织。

根据网络联盟相关理论[3,5]，平台的内部结构和内部关系直接影响平台的运作效率和成效，平台的内部结构主要指平台的规模、异质性与内部联结度①，而平台的内部关系主要指平台参与者间的信任度、承诺度与相容性②。服务平台的运行模式基本上有 3 种模式[6]，即以研究院所或协会为核心的平台、以行业内龙头企业为核心的平台和以科技中介机构为核心的平台。如：公共平台为合作治理提供了支撑体系，供给权力和治理权力的开放互动是公共平台的关键特性，网络效应则是公共平台的精髓[3]。

平台利益相关主体主要有平台领导者、平台合作者、平台支持者和平台参与者。创新创业平台领导者一般为掌握人才、资金、知识（产权）、信息等创新资源的组织，致力于资源整合、创新创意设计、标准制定、利益协调分配、行业报告发布，实现对行业的影响甚至控制。创新创业平台合作者一般为平台领导者的资源互补者，致力于专项创新填补空白，承接平台领导者的服务外包，能与平台领导者实现资源互补、创新互补和共赢共生。平台支持者主要为创新创业平台的使用方，包括粉丝、用户、潜在用户，通过深度体验，向创新创业平台反馈意见，推动平台创新发展。创新创业平台参与者是平台的其他利益相关者，主要为政府、中介、产业组织、金融机构和渠道商，促进创新创业平台更加通畅地运行，让平台生态系统更加成熟和有吸引力。

---

① 规模指平台涉及的参与者数量；异质性指参与者间在专业和特长上的差异性程度；内部联结度指网络参与者间建有联系通道的程度。

② 信任度指合作方对他方的意图或行为持有积极正面预期，并且愿意接受其不足的心理态度；承诺度指合作方能充分认识到合作关系的重要性且能保证作出最大努力来维护该合作关系；相容性指合作方之间在目标上的一致性和在运营哲学和团队文化上的相似性。

第二节 平台产生背景

一、专业分工的需要

专业化分工加速了行业细分。2009年11月，国家科技基础条件平台中心在国家标准化管理委员会的支持下，成立了全国科技平台标准化技术委员会，平台本身也是专业分工的产物。知识经济和信息技术加速了专业分工，基于全球化加速了生产链、价值链甚至研发链的细分、模块化及其桥接，各类外包、众包等服务蓬勃发展。

二、中小微企业的需求

需求是各类平台产生的动力。淘宝成立的初衷之一就是服务中小微企业，帮助企业连接市场。大型仪器设备设施价格昂贵，中小微企业无力承担，与此同时，却推动了共性技术的开发。产业共性技术的集成性、支撑性、超前性和风险性对创新所需的资金、设备与技术能力、风险管理能力提出了较高的要求，极大地限制了单个组织完成共性技术研发的可能性[7]。

以种业企业为例，我国持证经营的种业企业约7 200家，其中育繁推一体化种业企业有110家，但有能力掌握生物育种技术、AI智能育种技术等的种业企业不足百家，因此，需要平台来打通桥接生物技术等现代科技育种与传统育种，帮助中小微种业企业甚至大型种业企业提高育种效率甚至科研能力。

三、产业升级的需要

全球经济从存量博弈走向升维竞争[8]，加速了产业优化升级。当前处处能见产业升级的事例，大数据、云计算、AI等加速了产业的垂直整合和跨行业整合，比如重塑了金融产业、短视频产业、快餐产业。以种业为例，在2020年12月召开的中央经济会议和中央农业工作会议上，种业"卡脖子"、种业育种4.0成为了热点，热点的实质是我国种业需要升级。

四、协同创新的需要

创新平台、服务平台等功能型平台正成为协同创新的重要抓手。党的十八大报告中明确提出要更加注重协同创新。协同创新已成为发达国家和地区提高自主创新能力的组织模式，如欧洲联盟（简称欧盟）早在2008年成立了欧洲创新与技术研究院（EIT，European Institute of Innovation and Technology）。协同创新可以打破行政区域、部门层级、行业领域甚至是国别等边界，促成创新要素最大化整合。平台的快速发展加速了联盟的实体化，即联盟借助平台可实现虚拟化组织结构向更加紧密的组织结构的转化。

五、互联网经济的崛起

第五代移动通信技术（简称 5G）等移动通信技术成熟与基础设施建设，进一步加速了电商、社交等互联网经济发展。也正是互联网经济的崛起催生了平台经济，在平台经济和数字革命背景下，平台化管理理念大有席卷之势，加速更多龙头企业实施平台化战略。

六、资源存在巨量闲置

每年的巨量投资产生了大量的有形和无形资源。以我国大型科学仪器设备[①]利用率为例，平均每台设备利用率约为 70%[②]，而一般设备利用率则更低，不足 30%，不足发达国家利用率的一半。在现有的科研体制下，设备利用率难有根本性改变，但建立真正意义上的公共科技平台则可改变这一现状。

基于互联网＋，通过商业模式创新，整合财产、人力、技能、劳务、时间等各类闲置资源，改造和重塑组织生产和创新活动，让平台经济欣欣向荣，并对社会经济文化各方面产生巨大的冲击力[9]。

七、政策的强力引导

2016 年 5 月，习近平总书记到哈尔滨考察高新技术企业和科研单位时，曾指出创新要以企业为主体、市场为导向，政府搭平台[③]。各类平台，尤其是创新创业类平台是创新驱动的重要措施，已经成为区域创新系统的重要组成部分，深圳、合肥、青岛等地的实践也表明创新服务平台发展可有效支撑区域创新能力的提升，这更加激发了地方政府支持和诱导建设各类平台。

2010 年 4 月，工信部、国家发改委、科技部等 7 部委联合印发了《关于促进中小企业公共服务平台建设的指导意见》[④]，将服务平台定义为"是指按照开放性和资源共享性原则，为区域和行业中小企业提供信息查询、技术创新、质量检测、法规标准、管理咨询、创业辅导、市场开拓、人员培训、设备共享等服务的法人实体"，并纳入建设规划以及给予经费等政策支持。

2012 年 9 月，中共中央和国务院印发了《关于深化科技体制改革加快国家创新体系

---

① 大型科学仪器强制性并网并提供开放性服务，而一般设备则无此要求。

② 数据来源于由国家科技基础条件平台中心于 2013 年 11 月完成的《我国大型科学仪器设备利用与共享指数报告》。

③ http://politics.people.com.cn/n1/2016/0525/c1001-28379164-4.html

④ http://www.gov.cn/zwgk/2010-04/21/content_1588478.htm

建设的意见》[①]，其中，将平台作为重要的建设内容，并提出要建设网络化、广覆盖的公共服务平台。2014 年 10 月，国务院印发了《关于加快科技服务业发展的若干意见》[②]，其中 6 次提到服务平台；同年 12 月印发了《关于国家重大科研基础设施和大型科研仪器向社会开放的意见》[③]，其中提出要充分释放服务潜能，进一步提高科技资源利用效率，为实施创新驱动发展战略提供有效支撑。2015 年 9 月，国务院印发了《关于加快构建大众创业、万众创新支撑平台的指导意见》[④]，强调众创、众包、众扶、众筹的"四众"汇聚了经济社会发展新动能，要推进"四众"持续健康发展。

2017 年 7 月，工信部印发了《国家中小企业公共服务示范平台认定管理办法》[⑤]，进一步推动中小企业公共服务平台建设；同年 8 月，工信部印发了《制造业"双创"平台培育三年行动计划》[⑥]，提出四大行动目标，即"双创"平台＋要素汇聚行动、"双创"平台＋能力开放行动、"双创"平台＋模式创新行动和"双创"平台＋区域合作行动。

2019 年 1 月，财政部会同科技部研究制定了《中央级新购大型科研仪器设备查重评议管理办法》[⑦]，旨在减少重复浪费，促进资源共享，提高财政资金的使用效益。

---

① http：//www. gov. cn/jrzg/2012－09－23/content＿2231413. htm

② http：//www. gov. cn/zhengce/content/2014－10－28/content＿9173. htm

③ http：//www. gov. cn/zhengce/content/2015－01－26/content＿9431. htm

④ http：//www. gov. cn/zhengce/content/2015－09－26/content＿10183. htm

⑤ http：//www. gov. cn/gongbao/content/2012/content＿2218037. htm

⑥ http：//www. cac. gov. cn/2017－08/15/c＿1121486379. htm

⑦ http：//www. caiwu. moa. gov. cn/kyjfgl/201906/t20190625＿6319240. htm

第三节 平台的应用案例

一、科技平台

科技平台是国家实施创新驱动战略的重要举措。《2004—2010 年国家科技基础条件平台建设纲要》加速了各类科技平台的规划建设。2009 年 11 月成立了全国科技平台标准化技术委员会，加速了科技平台技术与管理体系的进一步完善。目前，从国家到地方建立了各类科技平台，其中，国家级平台由国家科技部主导，部级（行业）科技平台则更多，教育部、农业农村部、工信部、卫生健康委、自然资源部、国家发改委等包括国家林业和草原局均有设立平台。国家实验室、国家技术创新中心、国家研究中心、国家重点实验室、国家工程实验室、国家工程（技术）研究中心、国家地方联合工程研究中心、省部共建重点实验室等均是科技平台中较为重要的平台。

国家实验室是我国最高层次、最高形态的科技创新平台，代表了国家最高水平的科技战略力量。以张江实验室为例，张江实验室于 2017 年 9 月正式成立，拟建国家实验室，是由上海市人民政府、中国科学院基于建设具有全球影响力的科技创新中心而联合共建的基础创新平台，聚焦于光子科学大科学设施群及相关基础研究、生命科学和信息技术两大重点方向攻关研究、生命科学与信息技术交叉方向-类脑智能研究。为了聚力建设张江实验室，国家蛋白质设施（上海）、上海光源等一批国家重大科技基础设施全部划转至实验室承建法人主体，即中国科学院上海高等研究院[①]（简称：中科院上海高等研究院）。为实现实验室的实体化运作，实验室的机构设置一般与承建法人主体的同构，即中科院上海高等研究院的科研单元是其核心机构。张江实验室的最高管理机构是张江实验室管理委员会（双主任制[②]），实验室主任即中科院上海高等研究院院长[10]；同时，贯彻共享共建机制，依托承建法人主体建立类似于官产学研联盟的虚拟合作组织。

二、孵化器平台

孵化器平台已经被作为联结资源与产业的组织形式和机制，是"双创"的核心载体，是孵化高新技术企业和培育创新型企业家的摇篮，有助于建立官产学研中金联盟，是加速创新成果转化、服务区域创新的重要组成。北京、上海、广州和深圳等地涌现了一大批成功的孵化器平台，并将孵化器平台系统地升级到了新的形态——孵化器集群。形成孵化器

---

① 中国科学院上海高等研究院（http：//www.sari.cas.cn）是依托院市共建机制，由中国科学院和上海市人民政府联建的多学科交叉综合性国立科研机构，位于中国科学院上海浦东科技园，2008 年筹建，2012 年 11 月通过验收正式成立。

② 中国科学院院长和上海市市长共同担任张江实验室管理委员会主任。

集群不仅需要孵化器之间形成横向协同互动，更需要孵化器与政府、在孵企业等官产学研多元主体形成相互依赖、相互影响与价值共创的纵向经济联结，促使创新资源在协同高效的区域创新网络中实现整合与利用[11]。

以广州市为例，2016 年广东省人民政府为"广州开发区科技企业孵化器集群创新实践"授予了本省唯一的科学技术奖特等奖。广州开发区充分发挥了政府在官产学研中的协同作用，克服地理空间障碍，趟出了孵化器投资主体多元化、孵化生态平台化、资源链接全球化、孵化体系链条化的发展路子，创造了企业内生孵化、外延孵化、协同孵化的孵化新模式[11-12]。

三、开放式创新平台

罗伊·罗斯韦尔（Roy Rothwell）将创新分成 5 个阶段，提出了第五代创新理论，提出系统化和网络化是创新实践的必然选择，即创新不仅要对不同要素进行整合，而且还要实现在不同系统间的整合[13]。罗斯韦尔强调外部资源在创新过程中的重要性，要与外部组织进行资源共享、优势互补，以一种超主体和跨组织的组织形式进行合作创新。通过完善和创新平台制度，建设开放式创新平台，广泛吸引外部用户参与到组织创新，利用高效精准的信息交流与创意成果管理，实现平台良好的可持续发展。

在开放式创新平台中，智慧岛、众研网和 InnoCentive① 是较典型的代表。InnoCentive是科研众包平台的标杆，源自医药行业，被称为汇集最强大脑的平台。InnoCentive 的成功在于构建了提高发包与接包效率的任务包分类、保障公平并激励各方的任务协议与利益分配、为任务包完成提供支持的创新管理平台系统、增强解决问题能力的接包方协作和保障公平降低风险的匿名制度与产权保护共 5 种制度，并建立了发包方与接包方之间的三层次协同激励机制模型[14]，即源于双方内部显性激励和隐性激励的互补效应（主体在点上突破）、源于双方通过深度合作和有效联动达到的活化激励（由点连线生成链条）、源于中介机构协调作用下实现的涌现激励（由链聚网）。

在开放式创新平台的启示下，宝洁、海尔、美的等企业根据开放式创新平台的机制设计，打造企业级的开放式创新平台，如宝洁联结内外资源打造的联发（Connect & Develop）平台、海尔打造的 HOPE（Haier Open Partnership Ecosystem）平台、众创汇平台以及海达源平台，美的集团与浙江大学合作共同打造的开放式创新平台——美创平台（Midea Open Innovation Platform）。以海尔为例，海尔在开放式创新平台建设方面取得了丰富的成果，建立了孵化式的全要素、全时空、全员创新的平台生态系统[15]。

四、电子商务平台

电子商务平台与互联网经济相互成就，已广泛渗透到生活、工作、学习、交往等社会

---

① 2001 年美国政府引导创立了 InnoCentive，由 Innovation（Inno，创新）和 Incentive（Centive，激励）两个单词拆合而成。

经济各个领域，成为数字经济的代表，甚至在狭义上就可以代表数字经济。电子商务平台的实质就是数字化应用，即产业数字化，极大推动了大数据、云计算、区块链技术的发展与应用。2018 年 8 月 31 日，第十三届全国人民代表大会常务委员会第五次会议表决通过《中华人民共和国电子商务法》①，并自 2019 年 1 月 1 日起施行，电子商务平台在国民社会经济中的重要性与影响力不言而喻。

亚马逊、阿里巴巴、京东、拼多多、小米有品等是电子商务平台的代表，均致力于打造自己的平台生态系统。以阿里巴巴电商平台为例[16]，已经构筑了以平台型电子商务企业——阿里巴巴集团为核心的领导种群，网罗了全球交易主体形成庞大的关键种群，建立了电子支付、金融、物流、大数据、教育培训、搜索传媒（雅虎口碑）等为关键支撑的支持种群。

五、众筹平台

众筹是国家提出的"四众"之一。众筹平台已成为互联网金融的新业态，成为新产品定向研发的有力通道。Kickstarter.com 是目前最成功的众筹网络平台，旨在为人们提供创意展示，通过吸纳公众资金将创意变现。Kickstarter 众筹模式受到追捧，现在电商平台纷纷开通众筹平台，比如小米众筹、京东众筹，众筹成为试销新产品的重要渠道。以小米众筹为例，所试销的产品基本均达到销售目标，智能开关、耳机等电子产品成为爆款产品。通过众筹将原来的发明开发等技术环节、小试中试等工程环节、量产销售等商业环节的串行成果转化过程转变为相关环节的并行成果转化过程，大大提高了成果转化率和推广成功率。

众筹按融资模式的回报方式进行分类，可分为股权式众筹（Angel List 属于此类）、奖励式众筹或称权益式众筹（Kickstarter、小米众筹等属于此类）、募捐式众筹（水滴筹属于此类）、借贷式众筹（P2P 网络借贷属于此类）[17]。国内众筹平台要重点解决刷单、造假等信任问题，解决剽窃、模仿等恶意"搭便车"行为，以增强科技类众筹项目的吸引力[17]。以 Angel List 和 Kickstarter 为例，Angel List、Kickstarter 等国外知名众筹平台在这方面经验丰富，制度较完善。Angel List 通过社交网络加强沟通，打破投资、融资、项目推广、引才等方面的屏障，提高股权众筹的成功率；Kickstarter 严厉打击刷单、造假行为，建立权威信任环境[17]。

参考文献

[1] 徐雨森，张宗臣．基于技术平台理论的技术整合模式及其在企业并购中的应用研究 [J]．科研管理，

---

① 作为全国人民代表大会立法的基本法，它定义电子商务的概念即"指通过互联网等信息网络销售商品或者提供服务的经营活动"。

2002 (3)：64 - 68.

[2] 王节祥，蔡宁 . 平台研究的流派、趋势与理论框架——基于文献计量和内容分析方法的诠释 [J].
商业经济与管理，2018 (3)：20 - 35.

[3] 刘家明 . 多边公共平台内涵与外延的探讨 [J]. 科学经济社会，2017，35 (4)：74 - 79.

[4] Baldwin C Y, Clar K B. Managing in an age of modularity [J]. Harvard Business Review，1997，75
(5)：84 - 93.

[5] 李正卫，李孝缪，曹耀艳 . 公共科技平台的结构和内部关系对其绩效的影响——以浙江省新药平台
为例 [J]. 科技管理研究，2011，31 (19)：5 - 8.

[6] 张利华，陈钢，李颖明，等 . 面向区域发展的区域创新服务平台构建研究——以浙江省绍兴县区域
创新服务平台为例 [J]. 科学管理研究，2007 (5)：51 - 54.

[7] 王宇露，黄平，单蒙蒙 . 共性技术创新平台的双层运作体系对分布式创新的影响机理——基于创新
网络的视角 [J]. 研究与发展管理，2016，28 (3)：97 - 106.

[8] 程实 . 全球经济从存量博弈走向升维竞争 [EB/OL]. (2019 - 11 - 01) [2019 - 11 - 01]. http://fi-
nance. sina. com. cn/world/gjcj/2019 - 11 - 01/doc - iicezzrr6421305. shtml

[9] 赵晖 . 分享经济的产生与历史定位——基于网络平台经济的思考 [J]. 杭州学刊，2017 (4)：
16 - 27.

[10] 张江实验室：打造充满活力科创"试验田" [J]. 河南科技，2019 (5)：2.

[11] 樊霞，何昊，刘毅 . 政府制度工作、价值共创与孵化器集群形成机制 [J/OL]. 科学学研究：1 - 18
[2021 - 06 - 04]. https：//doi. org/10. 16192/j. cnki. 1003 - 2053. 20210105. 001.

[12] 叶青，刘毅 . 构建全方位立体式孵化集群网络——广州开发区科技企业孵化器建设经验获省科技
奖特等奖 [J]. 广东科技，2016，25 (12)：30 - 33.

[13] 颜晓峰 . 五代创新模式及其认识论分析 [J]. 国际技术经济研究，2001 (3)：25 - 30.

[14] 孙新波，张明超，林维新，等 . 科研类众包网站"InnoCentive"协同激励机制单案例研究 [J]. 管
理评论，2019，31 (5)：277 - 290.

[15] 许庆瑞，李杨，吴画斌 . 全面创新如何驱动组织平台化转型——基于海尔集团三大平台的案例分
析 [J]. 浙江大学学报（人文社会科学版），2019，49 (6)：78 - 91.

[16] 胡岗岚 . 平台型电子商务生态系统及其自组织机理研究 [D]. 上海：复旦大学，2010.

[17] 吕晓岚 . 众筹促进我国创新创业的作用机理与发展策略 [D]. 郑州：河南大学，2017.

第二章

创新创业平台存在的
问题与发展趋势

第一节 感知问题

一、感知问题的哲学

问题导向是一种哲学观。毛主席在《反对党八股》指出，问题就是事物的矛盾，哪里有没有解决的矛盾，哪里就有问题。习近平总书记提出"坚持问题导向是马克思主义的鲜明特点""从某种意义上说，理论创新的过程就是发现问题、筛选问题、研究问题、解决问题的过程""聚焦突出问题和明显短板，回应人民群众诉求和期盼"。问题导向是马克思主义世界观和方法论的重要体现，以探析解决问题为切入点，以帮助压实责任推进各项工作的发展[1]。

托马斯·库恩（Thomas Kuhn）范式理论（Paradigm Theory）中有关问题的认识影响深远。库恩重视问题的主体性，指出"范式"决定着问题的选择和解决，即研究领域、聚焦的问题以及解决问题的方式都受研究者所接受的范式理论的影响[2]。经济学研究中，研究的问题首先应该满足真实、重要、新奇、熟悉、有趣5个条件，在切入问题时要把握好选择的切入视角①、寻找约束条件、引入基准理论，在表达问题时要做好删繁就简、构建理论、经验实证、进行一般化的工作[3]。

二、平台存在的问题

（一）资源配置问题

各类创新创业与服务平台的部署普遍呈现无序竞争与重复建设、碎片化与同质化严重、功能重叠与缺失并存、资源共享与开放度低、资源整体配置效率不高与运行难以为继等问题[4]。创新创业平台在资源配置方面存在的问题最为突出。

首先在宏观层面上，平台区域布局不平衡，主要集中在一线城市群（占比远超50%）和部分新一线城市。

其次在中观层面上，一是平台机构布局不平衡，主要集中在高校（占比超60%）以及国家队科研院所；二是平台建设中低水平的重复建设冗余，资源整合难且整合能力差。

最后在微观层面上，一是过于依赖政府支持，而实际上财政资金主要是发挥引导与撬动效应；二是平台建设规模小，设备设施利用率低下，浪费与投入不足并存；三是在运营上存在缺乏持续性经费保障；四是基础功能实现困难，基本做不到资源整合与对外开放的基本要求，主要表现为与市场的结合度不足，共享与信任机制以及利益分享机制难以建立。

---

① 切入视角的迥异，会得到不同甚至相悖的论点。选对视角事半功倍。

（二）体系构建问题

1. 重创建而轻运营　我国每年均有大量的平台尤其是科技类服务平台和创新服务类平台被国家各部委以及省区市批复设立或筹建，但仅部分平台能获得经费支持，大部分平台仅批牌子不拨经费，平台的建立基于虚拟化的开放组织。各类平台不仅投入不足，更缺乏维护维修运营专项资金的支持。同时，服务平台的资源与成果共享不足，联合攻关能力弱。以 2020 年 6 月开展的"2018 年度计划国家技术转移机构考核"为例，作为技术转移平台，有 58 家平台考核不合格（占 13.4%，其中 6 家还被取消了资格）。

2. 模式设计理想化　平台创建之初的模式设计完美，但行政化痕迹严重，标准化程度不高，且以追求短期利益为主，缺乏长效激励机制与互惠机制，因此，在实际上难以高效可持续运行。平台组织涉及跨组织协调治理，涉及双边或多边关系，这种多主体的网络组织治理一直是实践难题。加入平台的各方，因其利益诉求不一致甚至互相冲突，往往无法求同存异，难以形成合力与辐射力，并难以取得重大突破。以我国协同创新平台为例，教育部"2011 计划"① 执行 3 年后无果而终。

3. 缺乏相对的独立性　平台的建设与运营往往基于一个或多个核心团队，绝大多数平台本身不具有法人资格。平台一般依附在法人机构甚至为二级非法人机构之上，其人力资源、信息资源、技术资源、财力资源、物力资源、组织资源并不独立。尤其是平台的盈利点不清晰，自身造血能力弱，过于依赖财政支持并且行政色彩浓重。同时，独立性缺乏也导致平台在商业机密和知识产权保护方面有重大缺陷，推广不易。

（三）产学研用脱节

平台是国家政策、资金、项目的重要载体，平台的数量与质量成为争取国家相关支持的利器。因此，高校、科研院所、企业乃至协会竞相争取创建各类平台，各方均追求自身利益的最大化从而致使利益诉求不一致，数据通道不畅致使信息不对称，利益联结机制不完善致使责权利不协调。平台的投资主体（如：政府）、平台的设施设备（如：大科学装置）、平台的使用机构（如：中小微企业）三方相分离，甚至在平台的建设、使用、服务、管理、运维等环节没有形成统筹的机制，让平台无法形成一个整体生态，最终导致产学研用相关资源难以整合以及公共服务碎片化，协同创新能力不足，基本达不到产学研用的功能设计目标。

产学研用脱节主要体现为：一是主体的目标定位有差异，各自为阵，产学研用内在活力不足，面向市场的能力匮乏；二是层次不高，合作主要集中在技术转让、合作开发和委托开发等买卖关系之上，达不到协同创新的目标；三是深度不够，中小微企业较难进入产学研协同创新联盟，产学研异质性和互补性不足，利益联结机制不明确，尤其是共性技术、关键技术与设备联合研发不足；四是产学研用缺乏复合型高层次人才，受考核形式的

---

① 2012 年 5 月 7 日，由教育部、财政部联合召开工作会议，正式启动实施《高等学校创新能力提升计划》，建设一批协同创新中心，简称"2011 计划"。

限制，复合型人才在人才评价以及高校和科研院所中均不受重视，但复合型人才恰恰是创新创业人才主力；五是为了挂牌而建设平台，为名所累。技术积累不足，不仅自身服务能力有限，而且外部创新需要小而不均衡，导致平台运行效率低下。

（四）企业参与陷阱

企业是平台建设与运行的重要利益方。平台健康运行过程中，存在 3 种陷阱阻碍了平台有效运作[5]。一是"搭便车（Free Riding）"① 式的投机性陷阱。"搭便车"的本质是自己不投入或少投入，通过跟在其他经营者后面，利用其努力经营形成的成果来获取客户或利益[6]。平台创新成果具有一定的公共性和外部性，致使企业尤其是中小微企业以较小的投入甚至不投入而获得平台的技术、数据、知识等创新成果，从而导致平台建设缺乏活力。二是囚徒困境陷阱。基于利益博弈判断，平台建设主导方（如龙头企业）和众多参与方（如中小微企业）均不愿意开放和共享资源，促使平台失去合作的基础。三是依赖症陷阱。产业集群内的企业对平台产生过度依赖，促使产业集群缺乏活力。

---

① "搭便车"是指不付成本而坐享他人之利。"搭便车"理论是曼柯·奥尔逊（Mancur Olson）于 1965 年在其著作《集体行动的逻辑：公共利益和团体理论》中首次提出的。

第二节　平台发展趋势

一、价值化与市场化

基于企业化的运营是平台生存和发展的基本要求。平台最终要面向需求和高效响应需求，甚至创造新的需求，这就需要平台提供有价值的产品和服务，即平台价值化。价值化就是要增强资源利用率，促进资源产生价值或为客户赋能（Empowerment）[1]，形成创新收益，包括成果转化率、产业孵化能力以及服务产业的实绩。价值化就是要通过产权制度、利益分配制度的设计，促使平台领导者、参与方、合作方、使用方等利益相关者相互依存、优势互补、共同发展、互惠互利。

平台还应必须形成走向市场的能力，要适应不同的场景。因为市场是配置资源最直接而有效的手段，要避免"反公地悲剧（the Tragedy of the Anti-commons）"[2]，重视资源未被充分利用的可能性，反对资源浪费、效率低下[7]。平台市场化即以市场竞争和合理收费，增加平台自身造血能力，以实现平台科学可持续发展。

二、网络化与智慧化

在互联网＋、大数据、人工智能、物联网等技术加持下，平台的网络化与基于数字革命的智慧化成为重要趋势。创新创业平台网络化以整合资源为主线，以资源共享为核心，对创新创业平台进行战略性重组与优化，促使创新创业平台利益相关者之间形成稳定、密切的合作与互动关系，从而不断吸引、聚合更多机构和个人加入，最终形成结构健全、功能完备的创新创业网络[8]。

智慧化是指创新创业平台基于数字革命和大数据，实现创新创业平台的管理、运营、服务等智能化，建立对信息的感知与触发机制，帮助创新创业平台与客户建立更加紧密的连接，帮助客户间建立更加安全合规的合作，城门立木，树立用户标杆，培养超级用户，增强用户对平台的黏性。

三、产权化与契约化

创新创业平台良好运作需要建立基于知识产权的利益分配机制与利益联结机制，需要

---

① 斯坦利·麦克里斯特尔（Stanley McChrystal）、坦吐姆·科林斯（Tantum Collins）、戴维·西尔弗曼（David Silverman）等所著《赋能——打造应对不确定性的敏捷团队》指出在高度不确定时代要打造敏捷高效型创新组织。

② "反公地悲剧"是迈克尔·赫勒（Michael Heller）在1998年针对勒特·哈丁（Garrett Hardin）"公地悲剧"提出的反映资源浪费的现实问题。

建立基于法律制度的契约体系。一方面要避免"公地悲剧（The Tragedy of the Com-mons）"①，保障政府科研基础设施合理使用，"公地悲剧"的具体表现为有形资产和无形资产的流失[9]；另一方面又要限制"搭便车"的机会主义行为，保护创新创业创造活动。

创新创业平台的实质是服务产、学、研的功能型平台，影响产学研合作的关键是利益分配机制和利益联结机制，产权化就是要实现责权利的明晰化，尤其是科技成果等知识产权的产权化；契约化是产学研合作的重要保证，无法实施知识产权保护的则进行商业机密契约化保护。

四、专业化与模块化

专业化是提高劳动生产率的手段，也是实现产业聚集的重要条件。创新创业平台作为高度专业化的平台，基于资源条件的专业化能力建设是其基础任务，包括平台团队建设和条件能力建设。

1997 年，卡里斯·鲍德温（Carliss Baldwin）和金·克拉克（Kim Clark）提出了模块化（Modularity）管理，指出实施模块化管理对产业结构调整具有革命性意义[10]。创新创业平台作为功能型平台，是推动专业化建设的重要组成部分。模块化是分拆解构复杂系统的有效方法。青木昌彦将模块化[11]定义为半自律性的子系统通过和其他同样的子系统按照一定规则相互联系而构成的更加复杂的系统或过程。

五、核心化与无边界化

平台需要有能承载创新性和系统性价值的行业领导者，即基于领导者的核心化。平台作为开放式生态圈，在实施扁平化管理的同时还要实现多中心治理。平台核心化的作用是引领产业资源的整合或者创新，这个核心可以是一个领导者，也可以是多个领导者的互补联盟。

在数字赋能（Digital Empowerment）的支撑下，平台化管理可以做到扁平化，实现即时响应环境和高效运营。并且在平台生态圈中，组织可以突破自身的边界，促使组织边界模糊化、无边界化，实现与多元主体平行交互、共享资源，达到协同共治的目标。

参考文献

[1] 郑文靖. "四个全面"战略布局的问题导向 [J]. 马克思主义研究，2016（1）：119 - 125.
[2] 幸小勤，马雷. "问题"理论研究及其未来走向 [J]. 重庆大学学报（社会科学版），2016，22（6）：133 - 138.

① 公地是指任何一种在产权安排上主体不明确或者主体很多、一个人行使权利会影响到其他人并且同时受其他人制约的一般性财产。

［3］唐志军，苏丽．论经济学研究中的问题导向法［J］．湖北经济学院学报，2018，16（3）：5－11＋125．

［4］付晖．高校科技创新平台体系的反思与重构［J］．研究与发展管理，2015，27（1）：84－91．

［5］陆立军，郑小碧．区域创新平台的企业参与机制研究［J］．科研管理，2008（2）：122－127．

［6］冯术杰．"搭便车"的竞争法规制［J］．清华法学，2019，13（1）：175－190．

［7］阳晓伟，庞磊，闭明雄．"反公地悲剧"问题研究进展［J］．经济学动态，2016（9）：101－114．

［8］孙庆，王宏起．区域科技创新平台网络化发展路径研究［J］．科技进步与对策，2010，27（17）：44－47．

［9］唐玮．地理标志中的"公地悲剧"与"反公地悲剧"现象及其法律消解［D］．扬州：扬州大学，2010．

［10］昝廷全．系统经济：新经济的本质——兼论模块化理论［J］．中国工业经济，2003（9）：23－29．

［11］尹建华，王兆华．模块化理论的国内外研究述评［J］．科研管理，2008（3）：187－191．

第三章

创新创业平台构建与
运营的理论背景

第一节　创新理论

一、熊彼特创新理论

约瑟夫·熊彼特（Joseph Schumpeter）于 1912 年出版了《经济发展理论》，所提出的创新理论成为开创性地经济学思想，提出经济发展是创新的结果，认为企业家是创新的主体。熊彼特将创新分为面向消费者的新产品、面向制造部门的新方法、打开或进入一个新的市场、征服或控制原材料或者半制成品、创造一个打破垄断或造成垄断的新组织[1]。熊彼特十分重视生产技术和生产方法的变革，将创新与企业家创业上升到一个至关重要的位置，视企业家为创新、生产要素及生产要素重新组合和经济发展的主要组织者和推动者[2]。

熊彼特创新理论经过发展形成了以技术变革和技术推广为研究对象的技术创新经济学，以制度变革和制度形成为研究对象的制度创新经济学[1-3]。技术创新经济学强调了市场需求和技术互动，指出技术创新为制度创新提供基础和工具[1,3]。制度创新经济学强调社会制度（包括所有制、分配、机构、管理、法律政策等）、文化环境、国家专有因素对创新的作用，指出制度创新为技术创新以及经济增长提供了制度保障[1,4]。国家南繁硅谷平台主要以科技创新为核心，需要在制度创新领域取得突破，以支撑南繁服务于我国种业科技自立自强。

二、开放式创新

加州大学伯克利分校亨利·切萨布鲁夫（Henry Chesbrough）教授于 2003 年出版的《开放式创新（Open Innovation）：进行技术创新并从中赢利的新规则》提出了组织和管理研发工作的新范式，2016 年出版的《开放式创新：创新方法论之新语境》提出了服务业的开放式创新。切萨布鲁夫首次提出了与封闭式创新截然不同的开放式创新概念，提出企业要协调内部和外部两种资源，并将两种资源整合到内部创新进程，解决组织发展瓶颈问题，甚至用于开发新产品和开拓新市场[5]。南繁基地作为我国目前最大的、最开放的种业科研基地，作为我国种业大协作、大攻关的舞台，开放式创新是其应有之义。建设国家南繁硅谷平台就要紧紧抓住开放式创新的要义。

企业等组织要打破组织边界，积极寻找外部的合资、技术引进、技术许可，研究外包、技术合伙、技术并购、战略联盟或者风险投资等适宜的商业模式来尽快地把创新思想、创新成果变为现实产品、服务与利润[6]。基于知识溢出，以整合企业内外部资源，且与外部创新主体进行技术创新合作的整合性开放式创新已成为现今企业刺激内部创新能力和增强竞争优势的主要导向[7]。开放式创新的类型有不同的划分[8]，开放式创新按知识流向①，可分为由外而内流程、由内而外流程和双向流程 3 种类型；按知识获取和释放方式，可分为捕获、纯源化、销售和揭示 4 种形式；按技术转移方式，可分为技术外部获取和技术外部商业化应用 2 种形式；按跨组织沟通渠道、创新激励和知识产权归属，分为基于市场、基于伙伴、基于竞赛、基于用户或社群创新共 4 种类型。

三、协同创新

协同创新（Collaborative Innovation 或 Synergy Innovation）是指围绕共同的创新目标和利益，多主体、多元素优势互补、协作互动、互相配合、竞合共赢，认识和改造主客观世界的新创造性实践活动[9]。协同创新需要官产学研中金等主体开展深层次、多样化的交流合作，实现战略协同、知识协同和组织协同，形成创新合力[10]。协同创新实现了创新资源的易得性、创新活动的高效性、创新能力的延展性、创新成果的共享性和创新发展的持续性。

马克思主义包含了分工与协作理论，将创新作为一种上升曲线的社会进步过程[10]，同时，协同创新是习近平关于科技创新的重要思想的重要组成部分，是举国体制在科技领域应用的成功案例。20 世纪 70 年代，德国斯图加特大学教授赫尔曼·哈肯（Hermann Haken）系统地论述了协同学（Synergistics）；20 世纪 90 年代，美国学者亨利·埃茨科维兹（Henry Etzkowitz）提出了官产学三重螺旋模式，并发展出官产学研用协作网络[11]。协同创新已成为区域创新、产学研联盟的理论支柱。南繁涉及全国 30 个省、自治区、直辖市以及中国科学院、新疆生产建设兵团与教育部属高校，具有显著跨地区、跨行业、跨部门、跨单位协作的实事和深入协同创新的大趋势。因此，国家南繁硅谷平台运营需要促进种业和生物技术领域协同创新，加速南繁硅谷尽快建成。

四、区域创新系统

1992 年，英国菲利普·库克（Philip Cooke）的论文"区域创新体系：新欧洲的竞争规则"提出了区域创新促使企业超越了自身，并推动产学研与官（方）中（介）金（融）等组织联合形成区域创新系统；1994 年，玛丽安·费尔德曼（Maryann Feldman）的著作《创新地理学》将创新与地域结合，将国家创新系统延伸到比国家规模小的区域创新之中；1998 年，埃尔科·奥蒂奥（Erkko Autio）将知识开发和应用、知识生产和扩散用于解释区域创新系统[12]。区域创新系统是指在一个知识和创新资源自动流动聚集的区域②内，各类参与技术创新和扩散的机关企事业单位、中介服务机构和行业组织等创新主体在给定的制度规范与基础设施等软硬件环境内，在创造、储备、使用和转让知识、技能和新产品的

---

① 经济合作与发展组织（OECD）所创建的创新系统框架中用知识流动串起知识传播和应用体系、知识创新体系、技术创新体系、技术创新服务体系。

② 不一定是某个行政区域，区域创新系统的区域边界更为模糊、更为开放。

过程中结成稳定依赖的知识网络系统[13]。

区域创新系统由创新主体子系统、创新资源子系统和创新环境子系统 3 个子系统组成[13]，区域创新系统内部机制要从合作创新（互动学习、知识生产）、创新资源配置、邻近性①和社会根植性②等 4 方面进行构建[14]。区域创新系统运行包含区域创新投入、区域创新主体、区域创新内容、区域创新产出等 4 个部分，每个部分又包括 3 个部分即"四-三结构"，其中区域创新投入包含人才、资本和技术[15]，区域创新主体包含政府机关、企业机构和科研院校，区域创新内容包含技术创新、制度创新和管理创新，区域创新产出包含环境、产业和产品。南繁是根植海南的创新性活动，在国家和地方连续的支持和建设下，已初步具有区域创新系统的特点。国家南繁硅谷平台要通过系统地构建和运营，加速南繁硅谷成为海南服务全国、服务全球的重要区域创新系统。

五、价值链理论

1. 价值链 1985 年，迈克尔·波特（Michael Porter）在其著作《竞争优势》中提出了价值链（Value Chain）的概念。波特认为公司的价值创造过程主要由基本活动（含生产经营、市场营销、内部与外部物流和售后服务等）和支持性辅助活动（含原材料采购供应、技术开发、人力资源管理、企业基础设施和财务等）两部分完成，这些活动在公司价值创造过程中是相互联系的，由此构成公司价值创造的行为链条，这一链条就称为价值链，详细见图 3 - 1[16]。

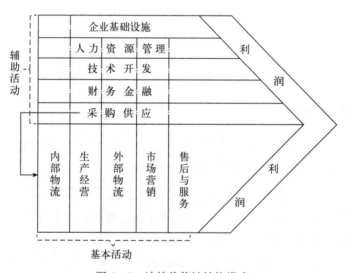

图 3-1 波特价值链结构模式

波特指出，每个企业都是在设计、生产、销售、发送和辅助其产品的过程中进行各种活动的集合体，价值链指企业通过系列互不相同但又相互关联的生产经营活动，形成了不

---

① 邻近性有助于空间集聚、产业聚集，减少交易成本，增强互动学习。
② 社会根植性是引导创新主体培育共同的产业认同和社会观，实现区域发展。

断实现价值增值或价值创造的一种动态过程[17]。一般认为企业链①、产品链②、供应链③、技术链④、信息链⑤、资金链⑥是价值链的具体表现和外延。波特提出价值链是一系列相互联系、连续完成的活动，包括基本活动（含生产、营销、运输和售后服务等）和支持性活动（含原材料供应、技术、人力资源和财务等），是原材料转换成一系列最终产品并不断实现价值增值的过程[18]。

随后，众多学者对价值链理论进行了完善。1995 年，诺贝尔经济学奖获得者保罗·克鲁格曼（Paul Krugman）研究了企业价值链内部各个价值环节的片断化及其在不同空间进行重组的问题；1998 年，彼得·海恩斯（Peter Hines）将顾客纳入价值链当中，把顾客对产品的需求作为生产过程的终点，强调企业间的协同，从价值实现的最终目标出发，重新定义价值链为集成物料价值的运输线[19]。目前南繁的价值链没有形成，国家南繁硅谷平台构建与运营的核心目标就是要帮助南繁形成价值链。

2. 价值网　产业链各要素之间、各主体之间相互协作，呈现为一种网状结构。1998 年，亚德里安·斯莱沃斯基（Adrian Slywotzky）在其出版的著作《发现利润区》中首次提出了价值网（Value Nets），随后大卫·波维特（David Bovet）于 2000 年出版了《价值网：打破供应链、挖掘隐利润》。价值网是在全球化与互联网经济背景下提出的，是由客户、供应商、合作企业等利益相关者之间相互影响而形成的价值生成、分配、转移和使用的关系及其结构，是利益相关者信息流构成的动态网络[20]。

价值网的提出突破了价值链原有分析架构。价值网是一种以顾客为核心的价值创造体系和战略思维组合，结合了策略思考和先进的供应链管理，以满足顾客所要求的便利、速度、可靠与定制服务；价值网涉及优越的顾客价值（以顾客为核心的需求拉动网络）、核心能力（以塑造核心能力为主要手段的成员公司成长途径）和相互关系（以紧密合作为基础的双赢竞争策略）共 3 个重要概念（图 3 - 2）[21]。

价值网运用社会网络分析法⑦（Social Network Analysis，SNA）和产业网络模型⑧（Model of Industrial Networks），将价值链进行了拓展和提升，由线性思维向网络思维扩展升级，应对客户多样化和个性化的需求，赋予供应商、制造商、合作伙伴、客户等利益相关者企业资源的共享权，多个参与方之间通过相互合作、不断提高核心能力，从而实现

---

①　企业链是指由企业组织通过物质、资金、技术等交互关系而形成的企业链条。

②　产品链是指由产品的上下游关系而构成的链条。

③　供应链是指企业间基于产品或服务在生产及流通过程中所结成的交叉网链。

④　技术链是指由技术间存在的承接关系而形成的链条。

⑤　信息链是指企业基于信息技术在经营活动中为了改善管理水平、优化组织资源、提升生产经营决策，从而在信息收集、信息传递中结成由事实、数据、信息、知识、情报组成的链条。

⑥　资金链是指维系企业正常生产和经营运转所需要的基本循环资金链条。

⑦　社会网络分析法是综合运用数学模型、图论等来研究行动者与行动者、行动者与其所处社会网络、以及一个社会网络与另一社会网络之间关系的一种结构分析方法。

⑧　1984 年 Hakansson H. 和 Johanson J. 提出了产业网络模型，指出产业网络由参与人、行动和资源三大要素构成。

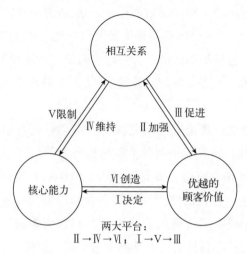

图 3 - 2　Kothandaraman 和 Wilson 的价值网模型

整个价值网的增值来获得更多的价值[16,22]。

国家南繁硅谷平台若要实现设计目标，应构建南繁产业价值网，实现整个价值网相关干系人的最大化增益。

第二节　外部性理论

一、传统外部性理论

1890 年，剑桥学派（又称新古典学派）阿尔弗雷德·马歇尔（Alfred Marshal）在其著作《经济学原理》中首次提出外部经济的概念，1920 年，其学生阿瑟·庇古（Arthur Pigou）的著作《福利经济学》系统分析了外部性问题，尤其是外部性引起的资源配置问题，标志着外部性理论的形成[23]。1986 年，诺贝尔经济学奖获得者詹姆斯·布坎南（James Buchanan）提出了只要某人的效用函数或某厂商的生产函数所包含的某些变量在另一个人或厂商的控制之下，这就表明该经济中存在外部性；这一函数表明外部性可以为负数，这一数学性质的定义从本质上说明外部性与完全市场竞争的假设相左，表明市场存在失灵，需要引入政府规制[23]。

传统外部性理论具有以下特征：①外部性会导致无效率的资源配置；②外部成本不受市场价格体系调控；③需要政府消除外部性；④探讨的是简单系统的外部性；⑤外部性与公共产品、不完全竞争、不对称信息等其他市场失灵现象处于并列地位。

二、外部性内部化

外部性已经成为西方经济学重要的概念。1937 年，诺贝尔经济学奖获得者罗纳德·科斯（Ronald Coase）在其论文《论企业的性质》中提出了交易成本理论，他在 1960 年发表的论文《社会成本问题》中，基于产权和交易成本系统地分析了如何解决外部性问题[23]。

1982 年，诺贝尔经济学奖获得者乔治·斯蒂格勒（George Stigler）根据科斯《社会成本问题》一书，整理出了科斯定理（Coase Theorem）。科斯定理由科斯第一定理、科斯第二定理和科斯第三定理组成[24]。科斯第一定理指在市场交易成本为零的情况下，不论权利初始如何安排，市场机制将自动实现资源配置帕累托最优；科斯第二定理指在市场交易成本大于零的情况下，合法权利的初始界定和经济组织形式的选择将对资源配置效率产生影响；科斯第三定理①指当存在交易成本时，通过明确分配已界定权利所实现的福利改善可能优于通过交易实现的福利改善。

我国现有种业科研和产业规制具有显著的外部性，国家南繁硅谷平台需要通过制度创新，加速外部性内部化。

---

① 其结论是由政府来准确地界定初始权利，这优于私人之间通过交易来纠正权利的初始配置。

三、政府行为外部性

政府行为外部性是指政府通过改变游戏规则或进行规制（干预微观经济主体行为的一般规则或特殊政策，如税收、补贴、制定标准、产权控制等），对第三方强制性地施加了某种成本或者收益，而且这种成本或者收益是在缺乏任何相关的经济交易的情况下发生的，政府行为外部性又被称为政府衍生成本[23]。政府行为外部性分为微观规制外部性、宏观调控外部性、公共产品供给外部性、转移支付外部性等。

四、技术外部性

技术外部性（Technological Externality）是外部性研究的重要方向。1931 年，雅各布·维纳（Jacob Viner，又译雅各布·瓦伊纳）在其论文《成本曲线与供给曲线》中提出了技术外部性和货币外部性（Pecuniary Externality）。技术外部性是指某种消费或生产活动对某人的效用函数或某厂商的生产函数所施加间接的、非价格的系统的影响[23]。其中技术溢出或知识溢出①是技术外部性重要的研究方向，甚至成为技术外部性的别称。技术外部性是高新区全要素生产率增长的主要原因[25]。

五、网络外部性

网络外部性（Network Externality）同样是外部性研究的重要方向。1985 年，迈克尔·卡茨（Michael Katz）和卡尔·夏皮罗（Carl Shapiro）在论文《网络外部性、竞争与兼容性》中较全面地总结了网络外部性，将其分为直接网络外部性和间接网络外部性。直接网络外部性指通过消费相同产品的市场主体的数量所导致的直接物理效果而产生的外部性；间接网络外部性指随着某一产品使用者数量的增加，该产品的互补品数量增多、价格降低而产生的价值；即当一种产品对用户的价值随着采用相同产品或可兼容产品的用户增加而增大时，就出现了网络外部性[23]。

网络外部性与网络效应（Network Effect）经常被混淆，实际上是有区别的。网络效应是指使用者从用户网络中获得的额外的福利变化；当不能通过价格机制进入收益或成本函数的时候，网络效应才可以被称为网络外部性[26]。

---

① 1890 年，阿尔弗雷德·马歇尔（Alfred Marshal）在《经济学原理》中讨论外部性时首次提出了知识溢出效应（Knowledge Spillover Effect）。

第三节　网络理论

一、行动者网络理论

行动者网络理论（Actor Network Theory，ANT）是由布鲁诺·拉图尔（Bruno Latour）和米歇尔·卡隆（Michel Callon）等为代表的巴黎学派于 20 世纪 80 年代中期提出来的理论[27]。巴黎学派对实验室研究遇到的宏观与微观、内部与外部、认识与社会等问题进行了系统地分析，同时结合实验室人类学研究方法以及法国后结构主义①，提出了行动者网络理论，指出科学技术实践是由多种异质行动者相互建构而成的动态网络[28-29]。拉图尔以行动者②（Agency）、转义者③（Mediator）、网络④（Network）3 个概念为核心提出了行动者网络理论，以实现"展开（如何通过追踪生活世界中的各种不确定性来展现社会世界）""稳定（如何跟随行动者去解决由不确定性造成的争论，并将处理办法承继下来）""合成（如何将社会重组为一个共同世界）"这 3 个社会科学的任务[30]。

行动者网络理论消解了主体和客体的二元认识模式，强调行动主体和关注物这一客体，确立以联结作为社会学研究的核心和构造一个既公正又有政治参与的学科[30-31]。行动者之间的联结"网络"是透过"转译"来进行建构的，转译的过程即是网络构建的过程[32]。

二、社会网络理论

社会网络理论（Social Network Theory，SNT）是成熟于 20 世纪 70 年代的一种社会学研究范式，其中巴里·威尔曼（Barry Wellman）提出社会网络是由某些个体间的社会关系构成的相对稳定的系统[33]。社会网络理论有两大分析要素，即关系要素和结构要素，这两大要素对知识和信息的流动均有重要影响，其中关系要素关注行动者之间的社会性黏着关系，结构要素关注网络参与者在网络中所处的位置⑤。支撑社会网络理论的其他理论主要有马克·格兰诺维特（Mark Granovetter）的弱关系理论、哈里森·怀特（Harrison

---

① 后结构主义，或称后现代主义，社会结构由"形构"走向了"解构"。结构被看作是社会关系的网络模式，功能则表明了这些内在网络模式的实际运行，但在后结构主义中，结构成了束缚人并导致"人消亡""社会性消失"的元凶。

② 行动者不仅指行为人，还包括观念、技术、生物等许多非人的物体，任何通过制造差别而改变了事物状态的东西都可以被称为"行动者"。任何行动者都是转义者，而不是中介者，任何信息、条件在行动者这里都会发生转化。

③ 转义者是对立于中介者提出的，与其说是一个概念，不如说是一种对待行动者的态度。转义者会改变、转译、扭曲和修改它们本应表达的意义或元素。

④ 此处的"网络"是一种描述连接的方法，它强调工作、互动、流动、变化的过程。

⑤ https：//wiki.mbalib.com/wiki/社会网络理论。

White）的市场网络理论、皮埃尔·布迪厄（Pierre Bourdieu）与罗伯特·帕特南（Robert Putnam）等的社会资本论以及罗纳德·伯特（Ronald Burt）的结构洞理论。

格兰诺维特于 1973 年发表的论文《弱关系的力量》中首次提出弱关系理论，其在 1985 年发表的论文《经济行动与社会结构：嵌入问题》中用嵌入理论①分析社会关系网络，格兰诺维特的研究指出弱关系能使多样化的信息流通更通畅，且能联通社会的宏观和微观两个层面[34]。

怀特于 1981 年第一次从社会学的视角对微观经济学的基础领地—市场，进行了结构主义的重新构建，用结构主义的市场定义替代了功能主义的市场定义，将市场定义为一种可持续再生的社会结构的社会网络[35]。

布迪厄于 1985 年率先提出了场域和资本 2 个概念，他认为场域是各种要素形成的动态关系网，场域变化的动力是社会资本②，而社会资本是指与人们公认的制度化关系的持久网络的占有联系在一起的一类资源的总合[34]。詹姆斯·科尔曼（James Coleman）从微观和宏观的联结为切入点，对社会资本做了较系统的研究，认为社会资本是社会结构资源作为个人拥有的资本财产；罗伯特·帕特南（Robert Putnam）在科尔曼的基础上，将社会资本从个人层面上升到集体层面，认为社会资本是一种团体的甚至国家的财产，要关注社群发展，并为各种社会组织的存在留下空间③。

伯特于 1992 年出版的著作《结构洞：竞争的社会结构》中提出了结构洞理论，研究人际网络的结构形态，研究网络行动主体通过何种网络结构可以获得更多的回报或者利益。结构洞存在于社会网络、创新网络、知识网络、企业集群等各种网络中。伯特提出结构洞是指具有互补资源和知识的两个群体之间的空白，当第三方中介能够将这两个群体连接起来时，空白被填充，并因此带来竞争优势，即竞争优势在于接近市场交易网络的结构洞[36]。以结构洞为中心展开的分析涵盖网络参与者、团队、公司和产业等多个层次，通过网络约束系数计算自我与他人相连所受到的约束程度，系数越高则结构洞越少[37]。

三、政策网络理论

政策网络理论（Policy Network Theory，PNT）是公共政策研究的一种重要范式，受益于社会网络理论的发展。政策网络理论尚无统一的定义，主要有 4 类定义，一是倾向从政策主体或主体关系视角来定义政策网络，政策网络是指决策过程中包括来自不同层次

---

① 格兰诺维特将嵌入划分为关系嵌入和结构嵌入。关系嵌入是指行动者可以直接通过关系网络中相互联系来获取信息等资源从而受益；结构嵌入是指行动者处在关系网络中不同的位置、位置结构、网络规模、网络密度时，获得资源的模式和分配是不同的。

② 布迪厄把资本划分为 3 种类型：经济资本、文化资本和社会资本。社会资本是网络（Networks）、规范（Norms）、信念（Beliefs）、规则（Rules）及文化制度（Cultural Institutions）的总称。

③ https：//baike. baidu. com/item/社会资本理论/1465610

与功能领域的政府、社会行动者；二是倾向从资源依赖的角度来界定政策网络，政策网络是指一群或复杂的组织，因资源（包括权威、资金、合法性、信息与组织）依赖而彼此结盟，又因资源依赖结构的中断而相互区别；三是倾向从国家自主性的角度来界定政策网络；四是倾向从治理的视角来界定政策网络，政策网络是指由一群具有自主性，且彼此之间有共同利益的相互依赖行动者所组成的关系[38]。政策网络是国家、社会、团体等不同行动者之间在政策过程中形成的关系模式与类型，并且关系主体多元、关系联结复杂、行动者之间会相互依赖与影响[39]。

四、复杂网络理论

复杂网络（Complex Network）是对复杂系统的抽象描述方式，强调了系统结构的拓扑特征，图论（Graph Theory）是研究复杂网络的主要研究方法①。复杂网络理论（Complex Network Theory，CNT）研究网络结构的演化、网络结构与网络行为的互动规律[40]。

20 世纪 50 年代，匈牙利知名数学家保罗·厄多斯（Paul Erdös）和阿尔弗雷德·雷尼（Alfred Renyi）建立了随机图理论，开创了复杂网络理论的系统性研究，想出一种新的构造网络的方法，生成一种随机网络（Random Networks），见图 3 - 3[41-42]。

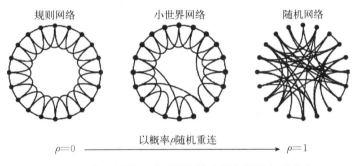

图 3 - 3　规则网络、小世界网络和随机网络间的演化

1998 年，邓肯·瓦茨（Duncan Watts）和史蒂文·斯特罗加兹（Steven Strogatz）提出了小世界网络（Small - world Networks），说明了社会中普遍存在一些发挥着非常强大作用的"弱链接"关系[42]，社交网络、互联网的底层架构、基因网络等经验网络图都展示出了小世界现象。1999 年，物理学家艾伯特-拉斯洛·巴拉巴西（Albert - Laszlo Barabasi）及其学生雷卡·阿尔伯特（Reka Albert）提出了复杂网络的连接度分布具有幂函数形式的无标度网络（Scale - free Networks），无标度网络本质上属于小世界网络[42]。

---

① https://blog.csdn.net/qq997843911/article/details/80162157

第四节　分工理论

一、斯密与李嘉图分工理论

1776 年，亚当·斯密（Adam Smith）在其著作《国富论》中基于绝对优势理论提出了国际分工和自由贸易。斯密分工理论[43]首先是基于社会分工的社会性劳动视角，强调分工是财富的源泉；其次基于工艺分工，初步阐述了分工是提高劳动生产力的原因；最后基于社会分工的人性视角，初步分析了分工与交换的内在关系。

大卫·李嘉图（David Ricardo）的专著《政治经济学及赋税原理》，是在亚当·斯密的绝对优势理论的基础上拓展而来，从供给和成本方面进行论述，是基于要素禀赋的区域分工的重要思想，是国际贸易利益和国际分工的基本准则[44-45]。

二、杨格与斯蒂格勒分工理论

阿伦·扬格（Allyn Young）对斯密定理进行拓展延伸，在其1928 年发表的论文《报酬递增与经济进步》中，用专业化水平、生产链条上各个环节的产品种类数及迂回生产链条长度来描述分工，提出劳动分工与市场范围相互依赖[46]。

1982 年，诺贝尔经济学奖获得者乔治·斯蒂格勒（George Stigler）同样对"斯密定理"进行拓展延伸，在其1951 年发表的论文《市场范围限制劳动分工》中，用市场范围或市场容量去考察分工与市场的关系，提出同类企业集中在某区域生产，提高该产业的规模，并通过专业化分工能获得良好的经济效益[47]。

三、涂尔干社会分工理论

法国著名社会学家爱米尔·涂尔干（Emile Durkheim）于1893 年发表博士论文《社会分工论》，将劳动分工与社会团结、社会失范以及社会道德连接在一起[48]。涂尔干社会分工理论试图揭示分工在从传统社会向现代社会的转变过程中的社会意义和社会功能，指出社会构成的本质特性是由分工所决定的，分工不仅是社会团结的主要源泉，也是道德秩序的基础[49]。

涂尔干分析当时社会失范的现象，从现实的道德、法律、秩序等危机与混乱的角度，构建社会分工理论体系，呼吁通过合理安排基于法律与职业道德的公共制度和完善基于规范运作的法人团体，从而建立起科学合理的分工秩序[50]。

四、哈耶克知识分工理论

1974 年，诺贝尔经济学奖获得者弗里德里希·哈耶克（Friedrich Hayek）结合于

1937 年发表的论文《经济学与知识》和于 1945 年发表的论文《知识在社会中的运用》，共同构建了知识论的基础，并提出知识分工（the Division of Knowledge）这一概念，从人们分散与分立的知识和劳动分工以及知识分工的角度来审视现代社会，强调知识分工是经济学中的中心问题[51]。哈耶克[51]提出在具有细密劳动分工的现代市场经济中，人们的知识是分立的，只有用市场价格机制进行资源配置才是有效率的；并且正是通过价格体系的作用，劳动分工和以人们分立知识为基础的协调运用资源的做法才有了可能。

哈耶克知识分工理论指明知识的分工性（分散性）、时空性、主观性、个体知识的有限性等特征，提出社会经济的本质问题是如何在社会知识如此分散的实际基础上，引导个体运用各自的知识以达到资源的最佳配置[52]。知识分工的含义是，由于社会知识的无限分散、个体知识以及人类理性的有限，决定了人处于必然"无知"的状态，每个人都持有不同的、特定的知识，他们的行动是根据自己所掌握的信息做出反应，只要行动者根据自己的信息而做出的行动是一致的，则"趋于均衡状态"① 就能实现[53]。

五、马克思劳动分工理论

马克思主义的创始人卡尔·马克思（Karl Marx）[54]在其《1844 年经济学哲学手稿》中指出分工的本质就是劳动，但不同的分工让劳动产生了异化，异化又通过分工展现出来；19 世纪 40 年代成书的《德意志意识形态》提出，一方面生产力发展的水平决定了分工的发展水平，生产力快速发展加速分工细化；另一方面分工决定了生产关系，但是分工却受到私有制的主导；1847 年其发表的《哲学的贫困》丰富了劳动分工理论，指出分工是具体的、历史的范畴，并区分了工厂内部分工与社会内部分工；《资本论》一书确立了分工在政治经济学中的首要地位，明确提出分工是交换的前提，并区分了自然分工与社会分工。

马克思以生产力和生产关系之间的矛盾运动来解释分工问题，并提出消灭资本主义的劳动异化，建立生产力高度发展与职业选择高度自由的共产主义社会[48]。马克思劳动分工理论表明了分工既属于经济学又属于哲学的双重领域，分工自身既具有生产力又具有生产关系的双重身份属性，分工既对社会发展又对人的发展具有积极和消极的双重效应[55]。马克思劳动分工理论提出了社会分工具有历史的继承性、内在的不平等性、地理上的不均衡性以及人的自由与解放的可能性[56]。

六、垂直专业化分工理论

1967 年，贝拉·巴拉萨（Bela Balassa）在其著作《工业国家间的贸易自由化》中首

---

① 哈耶克对新古典均衡理论的静态分析进行了批判，指出新古典经济学关于信息是完全的、个人偏好不会发生变化、不考虑时间因素等假设严重不符合现实。

次提出了垂直专业化（Vertical Specialization）的概念，1978 年，罗纳德·芬得雷（Ronald Findlay）在其论文《奥地利模型：国际贸易与利率均衡》中提出了价值链切片式分布[57]。之后，垂直专业化被广泛引用和转化，出现了产品内分工、外包化生产、价值增值链的分割、生产过程的分裂、多阶段生产、工序分工、模块化等概念，其中大卫·哈默尔斯（David Hummels）、达纳·拉波波特（Dana Rapoport）和基木一（Kei-Mu Yi）等学者较系统地研究了国际垂直专业化与国际贸易[58]。

工序分工是垂直专业化的重要内容。物流业和信息产业的飞速发展帮助生产过程在时间和空间上实现分解，并被分割为若干环节和工序，促进了工序分工。2006 年，特拉·格罗斯曼（Tra Grossman）等人提出了工序贸易（Trading Tasks），工序贸易已经成为国际贸易的主要形式[59]。工序分工有五大属性维度[60]：产品属性即实物工序和服务工序，要素属性即劳动密集型工序、资本密集型工序、技术密集型工序和知识密集型工序，空间属性即上游工序和下游工序，价值属性即高附加值工序和低附加值工序，方向属性即输出工序和输入工序。

基于分工的模块化随处可见。1965 年，马丁·斯塔斯（Martin Stars）发表了关于组合零件以及实现多样性的论文，提出了模块生产的概念[61]。1997 年，金·克拉克（Kim Clark）和卡利斯·鲍德温（Carliss Baldwin）发表了关于模块化管理的论文，继而在2000 年出版的著作《设计规则：模块化的力量》中，提出模块化的理论框架及模块化的操作方法，指出模块化对产业结构调整的革命性价值[61-62]。进入 21 世纪后，模块化理论基本成熟。2003 年青木昌彦和安藤晴彦的著作《模块时代：新产业结构的本质》提出，模块实质是半自律的子系统，以组合化的分解与整合为基础，以实现产品功能最优化为目的[61-63]。模块具有重用性、可重构性和可扩充性 3 个基本属性[64]。

以欧美育种工作为例，其已基本建立了基于模块化育种的研发生产线（Pipeline），国家南繁硅谷平台的重要功能应该是顺应种业和生物技术领域分工趋势，甚至加速专业化分工，并在其中占据重要位置。

第五节　生态系统理论

一、商业生态系统

生态系统作为一种共生与竞合的复杂自然系统，被引入到社会经济领域，其中商业生态系统（Business Ecosystem）就是对标生态系统的一种隐喻。1993 年，美国著名经济学家詹姆斯·穆尔（James Moore）提出了商业生态系统的概念，是继波特竞争战略理论之后，对企业战略运营思维产生深远影响的理论。商业生态系统是以组织和个人（包括核心企业、消费者、市场中介、供应商、风险承担者以及竞争者）的相互作用为基础的、位于同一价值链上共同进化的经济共同体[65]。

现代企业关键竞争力体现在构建或介入商业生态系统的能力。众多企业开始积极地构建商业生态系统，以实现资源共享、构建稳定的价值网络、提升整体竞争优势、获得互补创新和降低交易成本，更好地响应和满足市场和顾客的多样性需求[66]。可以采取商业生态系统"6C"分析框架，即从背景（Context）维度①、合作（Cooperation）维度②、构造（Construct）维度③、能力（Capability）维度④、组态（Configuration）维度⑤和变革（Change）维度⑥6 个维度，去理解商业生态系统[67]。商业生态系统中，要关注引导价值创造、提供共享资产、分享价值的骨干型企业（Keystones），关注纵向或横向一体化控制和支配资源的主宰型企业（Physical Dominators），关注专注于细分市场、以差异化求生存的缝隙型企业[67]。

二、创新生态系统

《牛津创新管理手册》给出创新生态系统（Innovation Ecosystem）的定义，是指围绕在一个核心企业或平台周围的生产端和用户端主体，通过创新活动相互联系所构成的网络[68]。2004 年，美国政府的智库机构将创新生态系统的概念推上了热点，引起各国的高度关注。2004 年，美国竞争力委员会提交的研究报告《创新美国：在挑战和变革的世界中实现繁荣》首次提出了创新生态系统的概念，强调优化国家的科教机构及法规制度等创新体系[69]。同年，美国总统科技顾问委员会发布了两份专业报告《维护国家的创新生态

---

① 背景维度，是指商业生态系统发展阶段、使命、驱动力、障碍等外部环境特征。
② 合作维度，是指在达成共同战略性目标的进程中，系统成员之间的治理系统和合作机制等相互作用机制。
③ 构造维度，是指商业生态系统的基本结构和支持性基础设施。
④ 能力维度，是指使得商业生态系统成功的沟通力、可获取性、整合能力、学习力、适应性等关键因素。
⑤ 组态维度，是指商业生态系统中合作伙伴之间的外部关系类型和配置式样。
⑥ 变革维度，是指商业生态系统演化、共同进化和模式更新等特征。

体系、信息技术制造和竞争力》和《维护国家的创新生态系统：保持美国科学和工程能力之实力》，将美国的经济繁荣与全球经济领导地位归结为具有良好的创新生态系统[68]。

创新生态系统是一种基于生态学理念研究创新系统治理的机制。可基于国家、区域、产业和企业4种视角，从微观、中观和宏观3个层面考察创新生态系统，创新生态系统具有领域共占、互惠共生、结网群居、协同竞争等生态性特征，复杂性、整体性、开放性等系统性特征，地区与地理范围属性的区域性特征，以及动态平衡、协同演化、自组织演化等演化性特征[70]。2006年，罗恩·阿德纳（Ron Adner）将创新生态系统视为一套整合各个企业创新成果并面向客户提供协调一致解决方案的协同整合机制[71]；认为创新生态系统有助于企业实现与其他行为主体间联系，有助于企业创造价值并向客户输出价值[72]。

日本筑波科学城在政府引导下建成了高新技术园区，取得了丰硕的成果，成为我国众多科技园区学习模仿的标杆。日本筑波科学城围绕高精尖产学研用，以目标精细化、需求本地化、治理协同化和平台链条化为目标，初步构建了以产业创新生态系统和创新创业服务生态系统为子系统的区域创新生态系统（图3-4）[73]。南繁硅谷核心是创新，国家南繁硅谷平台的一个重要任务就是协助打造创新生态系统。

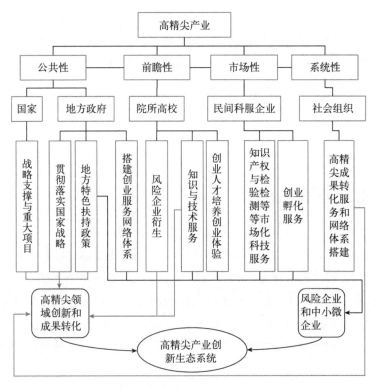

图3-4 日本筑波创新生态系统子系统互动关系

三、平台生态系统

平台生态系统（Platform Ecosystem）被认为是商业生态系统的特殊形式。平台生态系统是指平台利益相关者及相关事物构成的内在联系、互动、共治的整体,包括内部相关者、监管者、宏观调控者、职业服务商、专业服务商与交易商等利益相关者和其他相关环境因素,平台必须高效连接和匹配供需,为利益相关者创造价值,构建起联系,实现互动[74]。创新平台生态系统是当前研究的热点。国家南繁硅谷平台应该成为南繁产业平台生态系统的重要基础。

创新平台生态系统是由创新个体(官产学研中金中的机构,对应物种概念)、创新种群(创新个体的集合,对应种群概念)、创新资源提供主体(对应生产者概念)、创新资源需求者(对应消费者概念)、创新网络(对应食物链概念)、创新协同(竞争合作关系,对应协同进化概念)、创新生态环境(创新的软件硬件环境等,对应生态环境概念)、创新生态位(创新主体所处的状态与发展趋势的总和,对应生态位概念)等组成[75]。

创新平台生态系统[75]是由创新物种、创新种群及创新个体等主体与创新资源等要素构成的相互作用、相互依存的有机整体,创新主体之间共享、创造和传递创新资源,其中主体分为平台核心主体、内部环境支持主体、外部环境支撑主体,要素分为基础要素、能动要素、动力要素、阻力要素。

平台核心主体主要包括资源提供者、资源需求者和推广机构;内部环境支持主体包括基础设施条件提供者、中介机构(质量检测、测试、人才中介、知识产权服务、法务、财务等);外部环境支撑主体包括党委政府、市场综合主体。

基础要素是指构成平台生态系统的基础构架和功能的要素,决定了平台生态系统的职能与结构以及服务能力,如专家团队、设备设施、知识产权、数据信息、技术知识。能动要素是指在平台生态系统发展演化过程中的能动行为要素,决定了平台生态系统的规模及效率,如协同创新行为、商业模式、发展机制、知识传递。动力要素是指对平台生态系统演化发展产生动力作用的要素,如平台生态系统内部竞争合作、技术突破、结构调整等;系统外部科技创新需求变化、相关政策变动、创新环境变化等。阻力要素是指对平台生态系统演化发展产生约束和阻碍作用的要素,如信息孤岛、建设运营资金不足、人才匮乏。动力要素与阻力要素的相互作用决定了平台生态系统的发展与进化。

第六节 资源理论

一、资源依赖理论

1978 年，杰弗里·菲佛（Jeffrey Pfeffer）和杰勒尔德·萨兰基克（Richard Salancik）在其著作《组织的外部控制：对组织资源依赖的分析》中首次系统性地提出了资源依赖理论（Resources Dependence Theory），着重研究组织间关系（Inter - Organizational Relationships，IORs）、组织的变迁活动、组织与外界环境的互动[76]。资源依赖理论提出组织从环境中获取物质、财政、信息等各种资源，鉴于资源的稀缺性和重要性，获取各种资源是组织生存的必要条件，因此，为了生存和兴旺，组织必须依赖这些资源的外部提供者，并与外部提供者形成互惠的直接或间接的依赖关系，并且由于社会空间中的位置和相互联系的差异会形成不同的特性[77]。

资源依赖理论是组织理论的重要流派，其指出资源的重要性、稀缺性和可用程度决定了组织对环境的依赖程度，组织需要主动地适应环境，强调组织积极地面对环境，企图按照自己的优势来控制环境，而不是被动地作为环境力量的接受者，强调权力的资源依赖核心地位[78]。资源依赖理论主张组织与环境既是竞争关系又是共生共存关系，将环境作为组织运作和实现任务而获得稀缺资源的场所[76]，认为组织间的关系即资源依赖关系，需要通过资源替代或相互合作降低这种依赖，可从结构依赖性和过程依赖性解读资源控制的内生性、外生性[79]。

二、资源基础理论

资源基础理论被认为是战略管理领域的重要理论，指出企业的本质就是异质性（Heterogeneity）[①] 资源集合体，指出组织的竞争优势源自其内部持有的资源及对资源的控制能力，阐明了组织的核心竞争优势。

1959 年，埃迪斯·彭罗斯（Edith Penrose）在其著作《企业成长理论》中提出了企业资源基础观；1984 年，伯格·沃纳菲尔特（Birger Wernerfelt）发表的论文《企业的资源观》被认为是资源基础理论提出的标志，他将异质性战略资源的性质归纳为有价值的资源、稀缺的资源、不完全模仿的资源和不完全替代的资源，并指出企业内部的资源、能力和知识是其获得竞争优势的关键要素；1991 年，杰恩·巴尼（Jay Barney）初步构建了基于企业内部的异质性资源的资源基础理论研究框架，将企业的资源分为物质资本类、人力

---

① 企业战略资源的异质性包括不可模仿性和不可等效替代性。

资本类、组织资本类①3 个类别的资源；1993 年，玛格丽特·彼得罗夫（Margaret Peter-af）发表论文，基于市场竞争战略，提出以资源异质性为核心的竞争战略、资源非完全移动竞争战略、事前竞争限制战略、事后竞争限制战略四大战略，指出隔离机制产生的难以模仿性和不完全替代性[80-81]。

资源基础理论已成为企业战略管理领域的重要范式。资源基础理论架起企业能力与外部环境间的桥梁，促使企业战略思考角度由产品观念转为资源观念，将战略制定的基础由外部产业结构分析逐步转至内在的资源与能力分析[82]。资源基础理论假设"企业内部异质和不可转移的战略资源决定了企业持续竞争优势"，根据该假设形成了资源基础观（Resource - based View）②、企业能力理论（Capability - based Theory）③、知识基础理论（Knowledge - based Theory）④、动态能力理论（Dynamic Capability Perspective）⑤[83]。巴尼将资源基础理论分成新古典经济学派、产业组织学派和发展经济学派 3 个流派[84]。

三、资源拼凑理论

2000 年，泰德·贝克（Ted Baker）和霍华德·阿尔德里奇（Howard Aldrich）首次将拼凑（Bricolage）⑦的概念与资源观结合，指出利用现有资源的资源拼凑和获得新资源的资源搜寻是创业者克服资源约束的两种重要策略⑥[85]。2003 年，贝克和纳尔逊·里德（Nelson Reed）提出了创业拼凑，并在 2005 年提出创业资源拼凑理论（Entrepreneurial Bricolage Theory），将手头资源、将就利用、为新目的重组资源作为企业创造独特价值应对挑战的核心要素，用于分析初创企业通过组合资源实现企业成长[85-86]。2007 年，大卫·西蒙（David Sirmon）、迈克·希特（Michael Hitt）和杜安·爱尔兰（Duane Ire-land）将资源管理视为资源结构化⑦、资源捆绑⑧和资源杠杆化⑨的综合过程，嵌入互补性资源制定了资源管理框架，分析组织横向、纵向不同层面与边界的资源行动[86]。

资源拼凑理论有凑合利用、突破资源约束、即兴创作 3 个核心概念。凑合利用重在资源的创新利用，是指利用手头资源去实现新的目的甚至开拓新的机会；突破资源约束主要凸显创业者的创新意识与可持续的创业能力，是指创业者积极地、能动地、主动地突破资

---

① 组织资本资源范围较广，其包括了机构设置、管理制度等制度资源，营销网、品牌等市场资源，与政府、其他利益相关者的关系等社会资源。

② 资源基础观指出企业本质是异质性资源的集合，竞争优势产生的机制是隔离机制。隔离机制产生的原因是信息不对称、因果模糊、搜寻成本等。

③ 企业能力理论指出企业的本质是累积性的知识和能力的集合，竞争优势产生的机制是协调机制。

④ 知识基础理论指出企业的本质是内隐的隐性知识（或称暗默知识）的存储载体，沟通和协调成本的节约，竞争优势产生的机制是学习机制。

⑤ 动态能力理论指出企业的本质是对企业惯例的修改和创新，竞争优势产生的机制是快速的、即兴的学习机制。

⑥ Bricolage（拼凑）这一概念来自法国人类学家克洛德·列维-斯特劳（Claude Levi - Strauss）于 1962 年出版的促进结构主义发展的著作《野性思维》，指利用所能掌握的一切可利用资源去完成任务。

⑦ 资源结构化即通过资源获取、积累与剥离形成公司的资源组合。

⑧ 资源捆绑即整合资源以形成企业的能力。

⑨ 资源杠杆化即通过资源的合理分配达到充分利用公司的能力和特定市场机会。

源、环境或者制度束缚，利用手头资源去实现创业目标；即兴创作与凑合利用、突破资源约束紧密相关，是指创业者在凑合利用手头资源、突破资源约束的过程中必须即兴发挥，创造性地使决策和行动同时进行[85]。资源依赖理论、资源基础理论、资源拼凑理论在资源逻辑、资源构建方式和创造竞争优势方面存在异同，见表 3-1[87]。

表 3-1　资源依赖理论、资源基础理论、资源拼凑理论的异同

	资源依赖理论	资源基础理论	资源拼凑理论
资源逻辑	组织须与所依赖环境中的因素互动（交换）以维持生存与发展	有价值的、稀缺的、难以模仿与替代的异质性资源是组织保持持续竞争优势的基础	手头物质资本、人力资本、组织资本 3 类资源的创造性利用以应对新挑战或机会
资源构建方式	生存决策：交易、兼并、控制及联合治理 生存导向：组织权利 环境转换：从要素到产品组成的开放系统 资源控制：垂直整合、水平拓展、多样化	最优决策：资源禀赋 目标导向：功利主义 市场交易：产出效果 资源投入：创新、差异化战略	资源利用：即兴资源重构 手段导向：总归有用 满意决策：资源约束 社会交换：成本投入、资源套利
创造竞争优势	生存：效率、盈利 制度红利：认可与权威 差异性优势 统治或领先地位	企业创新：成长与竞争能力 规模经济 品牌价值 客户忠诚度	企业创新：技术与商业模式 成本领先 快速响应 企业绩效与成长

四、资源编排理论

资源编排理论（Resource Orchestration Theory）从行动视角对资源基础理论进行了完善，源自由大卫·西蒙（David Sirmon）、迈克·希特（Michael Hitt）、杜安·爱尔兰（Duane Ireland）等于 2007 年创建的资源管理模型（Resource Management Model），以及由康妮·海尔菲（Constance Helfat）、悉尼·芬克尔斯坦（Sydney Finkelstein）、威尔·米切尔（Will Mitchell）、玛格丽特·哈比尔·辛格（Harbir Singh）、大卫·蒂斯（David Teece）、西德尼·温特（Sidney Winter）等于同年创建的资产编排模型（Resource Orchestration Model）。2011 年，西蒙、希特、爱尔兰等正式构建了资源编排框架，涵盖流程、流程间的协同以及编排流程与情境的动态匹配（图 3-5）[88]。

资源编排框架从资源结构化、资源能力化和资源杠杆化构建资源编排过程，资源结构化涉及识别资源、捕获资源和积累资源以形成资源组合，资源能力化是指整合资源和利用资源以形成资源能力，资源杠杆化强调利用能力撬动机会，资源结构化与资源能力化相匹配促进了资源杠杆化作用发挥资源优势，创造资源价值[89]。

资源编排理论核心思想包括 4 个方面[88]：一是通过将管理者的动态管理能力嵌入到资源演化、能力形成及能力利用过程之中，提出企业持续竞争优势来源于企业的资源、能力和管理者能力的组合，并指出资源是能力形成的基础，能力来自资源的整合；二是具有协同性（流程间匹配）、权变性（编排行动与情境间的匹配，编排行动与相应管理层实现耦合）和动态性（编排行动是持续的，适合环境需求）的资源管理思维；三是提供一般性、系统性、可操作性的资源管理流程，包括构建了资源组合、捆绑资源形成能力、利用能力创造价值 3 个阶段，共计 9 个子流程（图 3-5）；四是衍生出组织层面的资源管理能力，如企业的信息化管理能力。

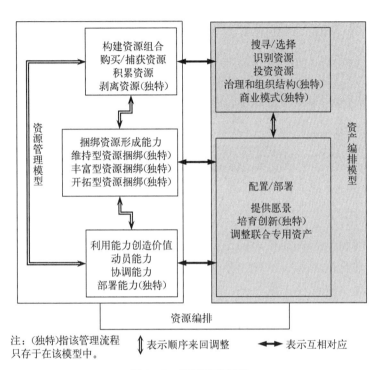

图 3-5　资源编排框架

第七节 制度理论

一、马克思制度变迁理论

马克思认为制度是一种社会关系，是交往的产物[89-90]。马克思制度理论（Institutional Theory）在方法论上基于唯物史观和唯物辩证法，体现出历史观、整体观和人本观，指出制度产生的根源是物质资料生产方式[91]。马克思制度理论[90]认为在生产力-生产关系、经济基础-上层建筑两对对立统一的矛盾运动下，人类的经济制度（如：产权制度）、政治制度、法律制度等都处于发展变化之中；在制度与技术的关系中支持技术决定论；认为制度变迁的动因是（阶级之间）利益冲突；基于唯物史观和所有制理论，提出人类第一种产权关系，即公有产权是自然形成的，而私有产权源于生产力的发展。

马克思强调所有权（产权）的重要性，将产权制度作为影响经济绩效的重要因素，认同利益问题是产权的核心问题，马克思将所有权定义为，所有权是指一个人或一部分人对某物的占有、支配、使用、收益的权利，一般由社会制度和法律来保证，他认为产权（所有权）属生产范畴且根源于物质的生活关系，即经济关系决定法权关系[89]。

二、诺斯制度变迁理论

诺贝尔经济学奖获得者道格拉斯·诺斯（Douglass North）认为制度是一个社会的游戏规则，是决定人们相互关系而人为设定的一些契约。诺斯构建了制度变迁理论分析框架，提出了经济体系中（基于交易成本）激励个人和集团的产权理论、实施产权的国家理论以及阐述意识形态经济功能的意识形态理论[89]。诺斯认为之所以产生制度变迁或制度创新，其诱因是期望获得最大的潜在利润[92]。为解决静态均衡制度分析范式和演化制度分析范式的冲突，诺斯在其学术生涯的后期引入认识科学以解释制度变迁理论[93]。

产权是诺斯制度变迁理论的重要概念，诺斯定义产权为个人对其所拥有的劳动物品和服务占有的权利，其中，占有受法律规则、组织形式、实施行为及规范的约定，他认为产权属于交易范畴且属于法权概念，即法权关系决定经济关系[89]。

三、组织制度理论

1977 年，约翰·迈耶（John Meyer）和布莱恩·罗恩（Brian Rowan）发表论文，提出了组织制度理论[94]。理查德·斯科特（Richard Scott）作为组织社会学流派的代表，将组织制度理论系统化，主要研究制度合法性（Legitimacy）问题和制度构建本身[94]，斯科特认为社会制度力量和自然经济规律共同塑造了组织系统，制度因素让组织更相似，但不一定更高效[95]。组织制度理论运用合法性机制来解释了组织趋同（模仿同构）现象，即回答了组织的正式结构和规章制度趋同的问题[96]。

合法性是组织制度理论的核心概念。斯科特和马克·萨奇曼（Mark Suchman）均在 1995 年给出了相近的定义，萨奇曼定义合法性是一个一般的理解或假定，即一个实体的行为在某一社会结构的标准体系、价值体系和信仰体系及定义体系内是合意的、正当的、合适的，即合法中的"法"不仅包括法律、标准、规律，也包括合规性和正统性[97]。

第八节　政府规制理论

一、公共利益规制理论

规制（Regulation，或译为管制）是国家对经济事务的直接干预，其实质是市场与政府的相对职责问题[98]。政府规制理论①应市场失灵而产生，并应政府失灵而改进，两者失灵促使政府规制制度不断地改进，以协调两者的平衡[98]。政府规制理论关注规制代表的利益主体、规制原因和如何规制等核心问题[99-100]。

公共利益规制理论[98]从国家干预主义理论中派生而来，以市场失灵和福利经济学为基础。政府作为公共利益的代表基于公共利益目标运用法规对市场的微观经济行为进行制约、干预或者管理，该理论的代表作是艾尔弗雷德·卡恩（Alfred Kahn）于 1970 年出版的著作《规制经济学：原理与制度》。

二、部门利益规制理论

部门利益规制理论强调基于"经济人"假设的利益集团通过寻求规制来增进自身的利益，规制俘虏理论是其原始雏形[100]。威廉·乔丹（William Jordan）于 1972 年提出了规制俘虏理论，提出规制机构对某个产业的规制被该产业"俘虏"，即规制提高了产业利润而不是社会福利[98]。

部门利益规制理论代表人物是诺贝尔经济学奖获得者乔治·斯蒂格勒（George J. Stigler），斯蒂格勒假设规制者也是"经济人"，提出规制产生的主要动因是利益集团的利益诉求与规制者自身利益的契合[101]。

三、放松规制理论

放松规制理论源自政府失灵，出现了放松管制（规制）的趋势。诺贝尔经济学奖获得者、公共选择理论创始人詹姆斯·布坎南（James M. Buchanan）提出政府的缺陷至少与市场一样严重，即政府与市场一样也会失灵，提出政府失灵理论[100]；1982 年威廉·鲍莫尔（William Baumol）、约翰·潘扎尔（John Panzar）和罗伯特·威利格（Robert Willig）合著的《可竞争市场和产业结构理论》的出版标志着可竞争市场理论的形成[102]。

四、激励性规制理论

激励性规制理论是政府规制理论的一次重大转折，在规制的途径上建议以正面引导和

---

① 政府规制理论先后形成了公共利益规制理论、部门利益规制理论、放松规制理论和激励性规制理论等流派。

激励为主，在规制思路上考虑了以往规制理论的不足，以"有限理性"分析取代"完全理性"假设，并将委托-代理理论（Principal - Agent Theory）引入到规制双方的博弈分析之中，试图纠正双失灵现象[99]。激励性规制理论[98]的代表人物是让·雅克·拉丰（Jean Jacques Laffont）和诺贝尔经济学奖获得者让·梯若尔（Jean Tirole）。

梯若尔新规制理论具有防范政商合谋、降低市场规制成本、打破信息不对称三大亮点[103]。激励性规制理论[98]提出设计适当的机制，一方面诱发企业尽力挖掘自身的潜力，另一方面减少规制者被被规制者"蒙蔽"的损失，给予企业更多的自主权，刺激企业降低成本，提高效率，增进社会福利。

五、研究规制的重要理论

（一）委托-代理理论

委托-代理理论从契约理论（Contract Theory）派生而来，委托代理是一种契约关系。诺贝尔经济学奖获得者罗伯特·威尔逊（Robert Wilson），诺贝尔经济学奖获得者迈克尔·斯宾塞（Michael Spence），理查德·泽克豪泽（Richard Zeckhauser），斯蒂芬·罗斯（Stephen Ross），詹姆斯·莫里斯（James A. Mirrlees），诺贝尔经济学奖获得者本特·霍姆斯特朗（Bengt Holmstrom），桑福德·格罗斯曼（Sanford Grossman）和诺贝尔经济学奖获得者奥利弗·哈特（Oliver Hart）等被认为是委托-代理理论的创始人[104]。

委托代理关系存在委托人和代理人的效用函数不一致、责任不对等以及委托人和代理人之间的信息不对称3个自然性缺陷，可能导致代理人偷懒以及产生"隐藏信息"和"隐藏行动"等机会主义行为，从而导致非效率损失（表现为道德风险和逆向选择①）和代理成本[105]。委托-代理理论研究在利益相冲突和信息不对称的环境下，委托人如何设计最优契约激励代理人，解决代理人实现自身效用最大化的同时也能实现委托人的效用最大化的问题，即激励相容的问题[104-105]。

委托-代理理论提出通过创立分权型的组织形式、建立风险分担的激励机制、设计有效的信息系统等监督与激励措施治理委托代理问题，并通过筹资角度、经理报酬结构、改进企业治理结构3个途径降低代理成本[105]。

（二）机制设计理论

机制设计理论（Mechanism Design Theory）因获得诺贝尔经济学奖而成为学界的焦点。机制设计理论由李奥·赫维茨（Leonid Hurwicz）于1960年开创，并由埃里克·马斯金（Eric Maskin）和罗杰·迈尔森（Roger Myerson）进一步发展完善[106]。机制设计理论将机制定义为信息交流系统，其研究核心是在自由选择和自愿交换的分散化决策以及

---

① 逆向选择是指由于交易双方信息不对称和市场价格下降产生的劣质品驱逐优质品的现象，类似"柠檬市场"现象。

信息不对称的条件下如何设计出激励相容的机制以实现资源的有效配置[107-108]。

机制设计理论借助了博弈论、微观信息经济学和社会选择论及微积分等高等数学模型，可以作为设计、分析与评价各种形式的组织或配置机制的框架体系，着重解决与激励与私有信息相关的问题[108-109]，认同博弈论中"理性即主体间理性"的本体论立场，认同只有符合主体间理性的机制才可能有效运作[110]，探索在给定环境下是否可以找到具有某些，如帕累托有效和自愿参与等合意性质的机制和制度，使得机制设计者和参与者的利益目标一致，并增进个人、集体和社会的福祉[109-110]。

赫维茨引入激励相容的概念、迈尔森提出显示原理、马斯金提出执行理论，均促进机制设计理论走向成熟，成为微观经济学的重要内容。通过机制设计理论基本流程图（图 3-6）[108-109,111]，基本可以理解该理论运作形式，基本流程图贯穿了机制设计的每一个步骤。

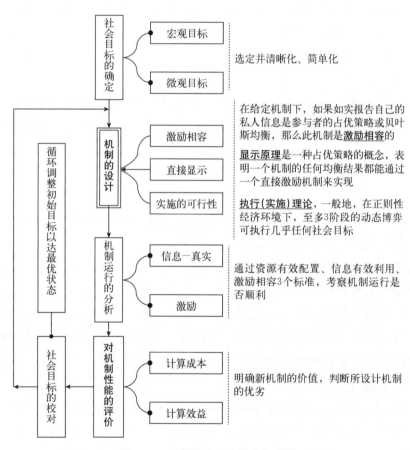

图 3-6　机制设计理论基本流程图

第九节　信任理论

一、信任的定义与特性

"信"是我国五常之一。信任在社会交往中像空气一样重要，北京大学张维迎教授[112]将信任视为一种主要的社会资本（Social Capital）①。心理学家罗杰·梅耶（Roger Mayer）和丹尼斯·卢梭（Denise Rousseau）将信任定义为一种一方不顾监督或控制另一方的能力心理状态，出于对他人意图或行为的积极性预期而接受脆弱性（风险）的意愿或信心[113]。信任具有时间特性（历史性、动态性）、主观性、相互性、脆弱性、不确定性（推断性、风险性）、边界性（空间性）、间接性和信息非对称性[112-114]。

二、信任的分类

信任类别的构建有由亚当·塞利格曼（Adam Seligman）提出的三分建构和由罗德里克·克莱默（Roderick Kramer）等提出的二分建构两种范式[115-116]。三分建构即非对立排斥且相互支持的建构方式，如：罗伊·列维奇（Roy Lewicki）等于1995年提出的信任发展型-计算性/了解性/认同性信任②，林妮·祖克尔（Lynne Zucker）于1986年提出的信任产生与构建型-基于过程/基于制度/基于特征③的信任，塞利格曼于1997年提出的信任互补型-信心/信念/信任，佐古（Sako）提出的契约/能力/善意信任；二分建构即不相容的二分法建构方式，如：尼克拉斯·卢曼（Niklas Luhmann）于1979年提出的人际/制度信任④，罗德里克·克莱默（Roderick Kramer）等于1996年提出的计算/认知/情感信任，山岸（Yamagishi）于1994年提出的一般/放心信任，其中卢曼、祖克尔和列维奇关于信任的分类最具影响。

三、信任源与信任传递

信任建立机制涉及信任源和信任传递。信任源（Trust Source），又称信任基础，即

---

① 皮埃尔·布迪厄（Pierre Bourdieu）把资本划分为3种类型：经济资本、文化资本和社会资本。其中社会资本是网络（Networks）、规范（Norms）、信念（Beliefs）、规则（Rules）及文化制度（Cultural Institutions）的总称。

② 计算性信任是交往双方基于理性，考虑被信任和不被信任的收益与成本而做出的行为选择（如：由契约关系而建立的信任）；了解信任（或称知识性信任）是在交往的认知的基础上，对另一方的信任；认同性信任是基于前两种信任，双方基于互相深层理解（共同价值观或价值准则）达成最终的信任。

③ 基于特征的信任是对于与自己有人际关系及社会角色往来的人或组织能够称职表现的预期而形成的能力或声誉信任。

④ 人际信任是以人际交往情感联系为基础的信任，被认为是委托-代理关系的前提，可以基于社会交换（Social Exchange）视角考察人际关系；制度信任是建立在制度（如契约、法规）基础上的信任，一般以管束制约为基础。

确定信任的决定性因素（或前置因素）或者驱动力，即信任的建立条件及其机制[117]。信任传递（Trust Transitivity）即信任在多个主体之间的直接传递和间接传递过程，是信任源发挥作用的感知基础。

信任是一种动态的、博弈的认知过程，主要受到促进沟通了解的信息、增进保持关系的能力、维持强化互信的声誉和保障通畅合作的制度等信任源影响。基于特征（如：能力、诚意、声誉）的收益评估、基于关系（如：亲缘宗族、工作、学习等非个人互动因素决定的既有关系，由两人实际的交往行为结果决定的交往关系）的情感运作与基于法规等（如：社会规范、政府法规、法律）的制度手段是信任建立的基础[118-119]。

四、信任建立机制

依据卢曼、列维奇和祖克尔关于信任的定义与分类，信任是基于情感、认知、行为的预判心态，可分为制度信任、初始信任和动态信任[120]。基于信任的动态观，信任是在制度的环境中和保障下，一是存在基于既有关系和基于特征评估的两类初始信任——既有信任与特征信任；二是随着互动交往和交流合作，产生基于关系运作的两类动态信任——了解性信任与认同性信任，初始信任与动态信任也是相对的交互过程（图 3 - 7）。

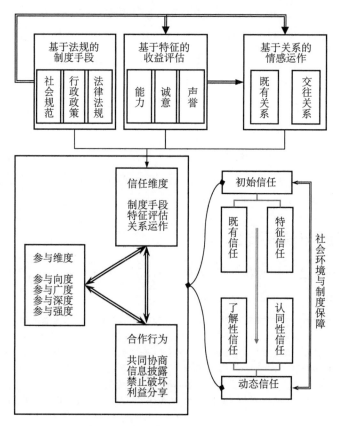

图 3 - 7　基于参与的信任合作机制

建立信任关系是开展交流合作、深化合作和建立联盟的前提。参与式信任合作模型（图 3－7）是合作关系中信任建立机制的重要模型。参与式信任合作模型分 3 个维度[121]，一是关于合作维度，良好的合作行为包括共同协商（互相尊重）、信息披露（运作透明）、禁止破坏（严讲契约精神）和利益分享（激励合作）；二是关于参与维度，参与（信息传递的重要途径）是合作与信任的基础，参与的向度、广度、深度和强度直接关系合作和信任程度，参与程度要与合作程度、信任程度进行适度匹配；三是关于信任维度，信任涉及心理学、管理学、社会学与经济学，包括制度手段（社会环境与规制视角）、特征评估（个体与组织自身视角）、关系运作（血缘、地缘、学缘与业缘及其动态视角）。

官产学研中金合作的基石和前置因素是信任，国家南繁硅谷平台重要的内容之一就是实现官产学研中金合作，调节科技创新溢出与创新外部性的内在化之间的平衡，建立起有效的、权威的信任机制是国家南繁硅谷平台运行的核心要务之一，更是成功运行的基石。

第十节 价值共创理论

一、价值共创的定义与内涵

2004 年，哥印拜陀·克利修那·普拉哈拉德（Coimbatore Krishnarao Prahalad）与拉文卡特·拉马斯瓦米（Venkat Ramaswamy）提出了价值共创（Value Co‐creation）及价值共创 DART① 模型。价值共创是指发生在企业与顾客等多个利益相关者间，在产品或服务生产至消耗全过程中直接或间接的互动与合作共同创造价值，价值共创糅合了消费者的独创性[122-123]。

价值共创按演化路径存在商品主导逻辑（Goods‐Dominant Logic，G‐DL）的价值共创、顾客主导逻辑（Customer‐Dominant Logic，C‐DL）的价值共创、服务主导逻辑（Service‐Dominant Logic，S‐DL）的价值共创等[123]。价值共创已成为企业构建战略资本和培育造就核心能力的全新取向，对企业营销理念、经营策略、客户行为、创新生态相关研究产生了巨大影响[123]。价值共创的理念与平台生态商业模式价值创造相吻合，价值共创理论成为研究平台生态的重要理论。

二、商品主导逻辑的价值共创

在商品主导逻辑（G‐DL）下，企业提供的产品或服务仅是价值创造的载体，由市场交换传递给顾客，其核心是产品或服务的交换价值（Value in Exchange），企业是价值的主动创造者，顾客是价值的被动授受者，企业与顾客边界清晰，双方的交互关系存在于市场交换中[123]。

三、顾客主导逻辑的价值共创

普拉哈拉德和拉马斯瓦米基于战略和竞争优势视角，提出了基于顾客主导逻辑（C‐DL）的价值共创理论，将消费体验作为价值共创的核心，指出企业与顾客通过价值网络的异质性互动共同创造消费体验和价值，强调价值共创贯穿于企业与消费者互动和消费体验形成的整个过程[124]，小米 MIUI 系统的研发就是典型的 C‐DL。

四、服务主导逻辑的价值共创

2004 年，斯蒂芬·瓦尔戈（Stephen Vargo）和罗伯特·勒斯克（Robert Lusch）基

---

① DART，Dialogue（互动对话）、Access（检验及其取用通道）、Risk Assessment（风评与承担）、Transparency（信息透明性）。

于经济发展和演化宏观视角，提出了基于服务主导逻辑（S-DL）的价值共创理论，强调服务是经济交换的基础，消费者将知识、技能、经验等操作性资源①注入价值创造过程，实现企业与顾客共创价值[125]。博·爱德华松（Bo Edvardsson）丰富了服务主导逻辑的价值共创理论，为服务主导逻辑（S-DL）理论提供了一种新的分析框架，并为服务生态系统发展奠定了基础[126]，苹果公司苹果商城收取"苹果税"就是S-DL的典型。

五、价值共创核心要素与能力

目前，价值共创主要关注 C-DL 的价值共创和 S-DL 的价值共创，其中 S-DL 的价值共创更受关注。价值共创的核心是以消费者为核心的使用价值和消费者参与的合作生产（Co-production），其中使用价值由消费者体验、个性化、客户关系等要素构成，合作生产由知识共享、企顾平等、互动参与等要素构成[127]。共创价值能否实现则需要相应的能力进行支撑。以众创空间为例[128]，价值共创动态能力由共创发起能力（传道，促成观念共识的能力）、共创运作能力（授业，达成价值共生的能力）、价值实现能力（解惑，实现价值共赢的能力）等构成[128-129]。其中，共创发起能力由机会识别能力和合作规划能力构成，共创运作能力包含资源拼凑能力和关系互动能力，价值实现能力体现为众创空间的价值提升能力和价值保护能力[128]。

---

① S-DL 将创造价值所需的资源分为操作数资源（Operand Resource）和操作性资源（Operant Resource）。操作数资源是指通过被操作而产生影响的资源，如原材料；操作性资源是指实施操作行为的主体，是促成价值创造的运营资源，如知识和技术。

第十一节　集成管理理论

一、集成管理的定义与内涵

现代集成管理的实现得益于计算机与 IT 技术等高新技术的高速发展，涌现出了 MRP（Material Requirements Planning，物料需求计划）、MRP Ⅱ（Manufacturing Resource Planning，制造资源计划）、CIMS Ⅱ（Contemporary Integrated Manufacturing System，现代集成制造系统）、ERP（Enterprise Resource Planning，企业资源计划）、BLM（Business Leadership Model，业务领先模型）等集成管理系统。钱学森院士是国内最早关注并构建集成管理思辨体系的科学家之一，他提出了大成智慧学（Science of Wisdom in Cyberspace，又译 Theory of Meta‐synthetic Wisdom）。大成智慧学借助信息空间以辩证唯物论等科学的哲学为指导，结合"量智（科学层面）"与"性智（哲学层面）"①，把理、工、文、艺等多学科结合起来，以应对错综复杂的事物，实现科学、准确的管理与决策[130]。钱学森院士提出的大成智慧学中有两个英文关键词：Cyberspace 和 Meta‐synthetic，与集成管理理论所关注的核心高度匹配。

集成管理（Integration Management，或 Integrated Management）的实质是运用集成的思想以及系统论、控制论、信息论的原理，使管理对象达到整体寻优（应用要素相容与要素互补原理）、系统创新（应用系统界面与功能结构原理）和功效倍增（应用功能倍增与集成效应原理）的过程，其本质是进行相应的理念集成（战略与超前策划）、组织集成（组织与界面管理）、过程集成（技术与流程重组）与方法集成（信息与系统控制），并实现体系内外的融会贯通[131]。在集成管理领域，平台化管理和业务领先模型相对完善成熟，得到了积极的应用。建设南繁硅谷作为国家战略，需要系统地、长远地进行规划建设，国家南繁硅谷平台是建设南繁硅谷的重中之重，涉及多个子系统，需要应用集成管理理论进行武装，实现平台架构、功能与服务方向、机制设计与制度创新、管理与运营模式的科学化、系统化和数字化，突破制度性障碍，实现资源高效集成与利用，架起高效合作的通道。

二、平台化管理框架

（一）平台化管理的定义与要素

2020 年，中欧国际工商学院的忻榕、陈威如、侯正宇等出版了《平台化管理》，提出在数字时代企业转型升维需要对企业进行平台化改造[132]。《平台化管理》是最早系统性

---

① "量智"主要是指科学技术，体现了科学技术从局部到整体、从研究量变到质变的研究哲学；"性智"主要在哲学层面从整体切入去理解事物。

提出企业平台化管理的著作之一。平台化管理是指在新时代数字化技术驱动下，基于组织及其人员的认知升维和管理手段的微粒化等平台化的思维及方法对企业或组织进行平台化的数字（智）化改造和升级[133]。

　　企业不一定是平台型企业（如：阿里巴巴、苹果、小米等公司是平台型企业），但也可以是实施平台化管理的企业（如：海尔）。平台化管理的核心思维和方法是基于类比方法的"升维"①和"微粒化"②。平台化管理中升维（如同望远镜延展，Zoom Out）由认知升维、战略升维和文化升维组成，从宏观视角扫描产业、生态圈、经济体的发展趋势；微粒化（如同显微镜放大聚焦，Zoom In，务实）实现部门、团队、个人的管理更细致、更实时，更加关注员工行为以及产品开发闭环和客户体验闭环[132-133]。

（二）平台化管理的五要素

　　平台化管理的五要素即数字化能力、多样化关系、柔性化结构、颗粒化绩效和利他化文化，五要素相互贯通与支持，构建起平台点、线、面、体的生态性结构。其中，数字技术是基础，绩效与能力是骨架，关系与文化是血肉，而结构是组织保障（图3-8）[132]。

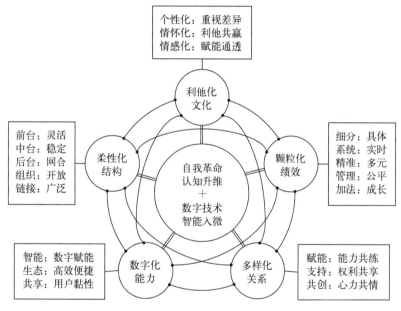

图3-8　平台化管理框架

　　阿里巴巴集团管理人员提出点、线、面、体平台生态管理策略[134-135]。点，即面上的组织或个体，重点引入和培育龙头企业和大院大所高校等超级用户，从产业实体上进行突破。线，即建立信任与支撑系统，协助企业创新创业，连点成线支持价值共创并实现增

---

　　① 升维类似于科幻小说《三体》中的降维打击中的"维"，此处强调管理者打破自身认识的局限性，站在更高的维度审视、决策。

　　② 微粒化如同物理学中的分子、原子等连接关系，强调基于数字技术和大数据对商业社会进行微粒化解构并对组织进行微粒化重组，实现组织的柔性化。

值。面，即提供基础设施以支撑生态平台，输出价值观，联通两种资源、两个市场的体制机制，打造区域特有的产业发展场景，形成产业链和产业集群等网络效应。体，即由点线面组成的平台生态系统，培育区域的创业创新环境和制度创新环境，实现跨区域、跨学科、跨部门、跨层次、跨单位的协同与协调，提升平台整体竞争力。

（三）数字化能力

我国已将数字化提升到前所未有的高度。2020 年 4 月，习近平总书记在浙江考察时曾强调"要抓住产业数字化、数字产业化赋予的机遇。"2020 年 10 月 29 日，中国共产党第十九届中央委员会第五次全体会议通过的《中共中央关于制定国民经济和社会发展第十四个五年规划和二〇三五年远景目标的建议》直接强调"加快数字化发展"，推动数字经济和实体经济深度融合。在移动通信＋互联网＋云计算＋物联网的技术支持下，一部智能手机就可以窥见且开启万物互联。"新冠"疫情加速了我国社会治理与服务的数字化革命，众多条条块块的被分割的数据被打通或正在打通，数字化在国民中得到普及应用。

基于数字革命，打通整合各个维度的数据，打破"信息孤岛"，破除条块分割，实现共享与开放，加速企业平台生态化，基于数据智能帮助企业实现微粒化组织能力、社会资源共享能力、生态化能力等新型能力[132]。基于数字化，供给端和消费端的信息被打通，促使产消合一（Prosumer）① 和精准精细化服务成为现实，加速多元化、定制化、个性化时代的到来。数字时代将零散的个性需求变成新的巨量消费市场，与薄利多销的大路货形成迥然不同的生产消费模式，且让奢侈品的消费理念平民化。

（四）多样化关系

在平台化管理思维下，强调主体多元性，需要重新构建部门间的关系、组织（企业）与个人间的关系、人与人间的关系、组织（企业）间的关系等多重关系，打造高度信任的社会网络，形成多向连接。打破部门间无形的玻璃墙，避免信息屏蔽，创造相互成就的知识分享体系，实现精准匹配；对组织结构进行重构调整，突破企业边界，赋能团队，建立起人与人、人与组织间的广泛的"联盟"关系，重视并构建企业与企业间的竞合关系。

多样化关系的特点为：[132]一是权力共享，重构透明的激励体系，让渡权力，实现对员工赋能、为客户创造价值；二是能力共练，建立多种知识关联和知识分享体系，实现企业与员工共同成长、相互成就；三是心力共情，拥有一致的目标、一致的使命感和一致的价值观。

（五）柔性化结构

组织结构必须是适应事业发展的动态结构，快速响应环境，核心是应对动荡中的市场和发展中的科技，创新能力实质是市场与技术的创新能力[136]。技术创新与创业是由技术和市场共同作用引发的，创新过程的各个环节均需要市场信息和科技资源的支持[137]。

平台化管理的组织设计兼顾了分立与统合、即时与稳健、科技与情感等矛盾运

---

① 产消合一（Prosumer）是未来学家阿尔文·托夫勒（Alvin Toffler）于 2006 年在其著作《财富的革命》提出的一个概念，由 Producer（生产者）和 Consumer（消费者）两个单词拆解合成。

动[132]，兼顾了柔性与效率。柔性化结构的典型是灵前台①＋强中台②＋固后台③的"三台架构"，其中，前台面对千人千面的用户，必须要灵活；中台支撑着前台的交互，必须要稳定；后台既要做长远发展的坚实后盾，又要做前台业绩的拓展，必须要坚固[132]。基于"三台架构"，打造富（商业）生态＋共治理（共享共赢）模式。

（六）颗粒化绩效

绩效颗粒化就是深入聚焦绩效的微观领域，进行多维度解析并沉淀丰富且可调度的更精密、更全面的绩效数据[132]。绩效数据不仅包括组织和个人的绩效结果，还包括员工个人的工作行为、工作过程、工作结果[132]。绩效颗粒化实现了绩效管理更具系统性、针对性、客观性和即时性，有益于绩效管理的透明、公正、多元，刺激员工更加自主和积极[132]。

（七）利他化文化

利他化文化是小我与大我螺旋进化的文化，就是共同成长和相互支持的文化。小我强调自我价值的实现及合理"私"利、合理诉求。大我强调自觉地将小我融入团队与组织，以组织价值为价值。企业文化是企业价值观的外在具体表现，凝练着集体共识，深刻地影响着企业的成长。"上善若水，水利万物而不争"，平台化企业必须利用认知升维融合开放与秩序、创新与守成、灵活与规则、专业与尊重等矛盾[132]。利他化文化运用赋能，尊重人的个性化，激励通透协作，强调利他共赢[132]。

三、HW－BLM

（一）BLM 起源

业务领先模型（Business Leadership Model，BLM），是集成管理的典型模式。BLM又称业务领导力模型，是 IBM 联合高校等智库开发的一套战略制定、链接执行和调整跟踪的思考框架和方法论。IBM 开发的 BLM 倍受国内外知名公司所推崇和应用。华为公司早在 1999 年购入 IBM 的产品集成开发系统（Integrated Product Development，IPD）和集成供应链系统（Integrated Supply Chain，ISC），于 2006 年本土化改造运用 BLM，基于六西格玛（Six Sigma）④ 开发业务战略执行力模型（Business strategy Execution Model，BEM）⑤ 解码战略，创造性地构建了 HW－BLM（图 3－9）[138-139]，达成了预期目标。

---

① 前台在《平台化管理》中是指离客户最近，最理解和近距离洞察客户需求与行为，最终实现和提升客户价值的职能，协助企业创新产品服务，帮助实现精细化运营。

② 中台在《平台化管理》中是指为前台业务运营和创新提供专业能力的共享平台职能，是大后台和小前端的枢纽，强调运营支撑，为前台提供专业化、系统化、组件化、开放化的共享数据库、数据产品、SaaS（Softwar－as－a－Service，软件即服务）工具及 API（Application Programming Interface，应用程序接口）。

③ 后台在《平台化管理》中是指为整合平台提供基础设施建设、服务支持与风险管控等内部管理和后勤支撑等职能，强调人力资源、财务、法务、进销存等职能的专业化、服务意识与能力。

④ 六西格玛是由摩托罗拉工程师比尔·史密斯（Bill Smith）在 1986 年提出来的强调制定极高的目标、收集数据以及分析结果的管理策略。

⑤ 业务战略执行力模型是华为将六西格玛等质量方法导入从"战略到执行"体系的绩效管理模型，实现战略被高效有效地执行，做到真正的落地。

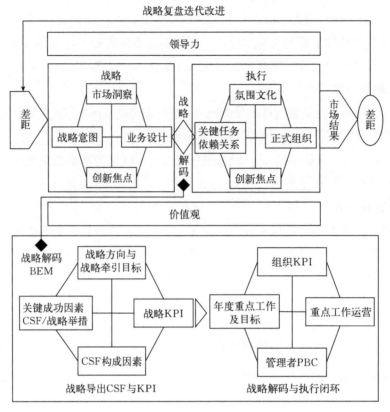

图 3-9 HW-BLM[2]

20世纪90年代，IT行业的巨无霸IBM遭遇严重的衰退和被拆分的危机，1993年，曾任麦肯锡管理咨询公司总监的路易斯·郭士纳（Louis Gerstner）接棒了IBM的CEO。郭士纳执掌IBM期间发现IBM的问题不是战略制定问题，主要问题一是战略拆解的战术层，战略无法拆解到全体中下层的一线管理者，战略落地下沉拆解困难；二是战略落地的执行层，体系缺乏有限的战略执行管理方式和工具，且人才与业务匹配度低，战略落地成为空想。郭士纳执掌IBM期间，解决了IBM战略制定与链接执行问题，他在离任之前为IBM量身打造了BLM，并在其自传《谁说大象不能跳舞》中进行了说明。

由图3-9可知，HW-BLM是一套严谨的、层层分解的思考框架，由差距判断、领导力、战略、战略解码、价值观、执行、市场结果（差距变化）、复盘迭代八大部分组成。HW-BLM可以全方位帮助管理层在企业战略制定与执行的过程中系统地思考、务实地分析、有效地进行资源调配以及绩效考核与执行跟踪。HW-BLM对组织和团队而言，意义重大，其基于逻辑的力量，为组织确定共同的目标，提供最基本的方法，用同一种语言，自上而下实施，并强化执行监控，帮助组织实现持续的改进并获成功。应用集成管理理论，重点应用平台化管理和HW-BLM。国家南繁硅谷平台要基于数字革命和大数据，以企业化集成管理的模式建立平台的管理体系，并改造相应的管理机构。

（二）HW - BLM 五要素

1. 领导力　正如 BLM 中的核心词汇"Leadership"，组织领导力是 BLM 的根本。领导力是贯穿战略与执行的关键。领导力是管理团队引领和指导组织的行为能力，并成为组织的一种特质得以传承。领导是信号与氛围的创造者，即组织的表率与示范，是被模仿的对象，是赋能者，被视为组织"灵魂"的有机体现。领导要表现出良好的素养和鲜明的风格，与组织产生良性共振，带领组织前进。

2. 价值观　价值观是组织战略决策与行动的基本准则，是营造文化氛围的基石，激发员工甚至粉丝的自发行为，实现组织的良性发展。伟大的组织、伟大的企业必须要有价值观体系的支撑，让组织有强大的黏性，激发团队活力。

3. 战略　战略是由不满意（由现实与理想的差距造成，包括业绩差距[①]和机会差距[②]）所激发的，现实与理想的差距牵引组织的发展，激发着组织的战略思考。对于企业而言，战略则由战略意图、市场洞察、创新焦点和业务设计组成，其中，业务设计或商业模式是战略制定的落脚点，也是战略迈向执行的关键，是关键任务的输入。战略意图、市场洞察和创新焦点是业务设计的输入。

4. 战略解码　战略解码是通过可视化和指标体系化的方式，将组织的战略进行详细解读并转化为全体员工可以理解（描述）、可以执行（衡量）、可以逻辑协同（1＋1＞2，共同支撑组织年度目标和工作重点）的行为的过程，帮助执行层理解消化组织战略。战略解码可基于平衡计分卡（Balanced Score Card，BSC）[③] 等系统化的战略地图工具澄清战略，将战略分解成各业务发展战略、目标与关键成果（Objective and Key Results，OKR）[④]、关键控制点（Critical Control Point，CCP）[⑤]、关键成功因素（Critical Success Factors，CSF）[⑥] 与品质关键控制点（Critical - To - Quality，CTQ）[⑦][140]、绩效考核（Key Performance Indicator，KPI）[⑧]、重点工作任务和各级主管个人绩效（Personal Business Commitment，PBC）[⑨]，建立了公司的责任分解体系以支撑战略和业务目标。

5. 执行　说起来容易，做起来难。战略关键在执行，没有高效的执行，战略就是美

---

①　业绩差距是现有运营结果与期望之间的差距。

②　机会差距是现有运营结果与新的业务设计所能带来的经营结果之间的差距。

③　平衡计分卡是由哈佛商学院罗伯特·卡普兰（Robert Kaplan）、戴维·诺顿（David Norton）等于 20 世纪 90 年代开发的，从财务、客户、内部运营、学习与成长 4 个维度对绩效进行量化考核的方法。2004 年，罗伯特·卡普兰等在 BSC 的基础上开发了战略地图（Strategy Map）。

④　目标与关键成果是 Intel 公司前 CEO 安迪·葛洛夫（Andy Grove）开发的企业目标管理工具，被 Google 等 IT 公司广泛应用和熟知。OKR 通过协作、沟通等互动，实现上下目标达成一致和相互衔接与支撑。

⑤　关键控制点是陈冠佑研究员基于 HACCP 对措施、项目以及考核指标等具体决策进行风险点、瓶颈分析，以及进行 F. U. T. U. R. E 等压力测试，形成决策与行动的快速迭代，详见《国家南繁"硅谷"产业规划研究与报告》。

⑥　关键成功因素是指为达成组织愿景和战略目标，需要组织重点管理，以确保竞争优势的差别化核心要素。

⑦　品质关键控制点是六西格玛的重要概念，是输出的衡量性指标，针对业务的短板或痛点，支持 CSF 目标达成。

⑧　绩效考核又称关键业绩指标，主要围绕效益类指标、运营类指标和组织类指标，对组织关键任务进行拆解，细化为团队任务。用 KPI 工具分解战略，确保战略一致性。

⑨　主管个人绩效又称个人绩效承诺，主要围绕结果、执行、团队及其严密的逻辑关系，制定详细的承诺。

好的空想主义，战略规划也无法落地。战略执行强调快速响应市场（需求），并且要做到可调控。海南自贸港建设过程中，再三强调首单的重要性，没有首单的开门红，就没有所谓的接二连三。执行则由关键任务、依赖关系、正式组织、核心人才和氛围与文化组成。将战略逐级承接分解，通过考核和价值分配来实现关键任务与人才相适配，让人才能成事。

（三）HW-BLM 战略规划

1. 战略意图　战略意图由使命、愿景、战略目标和近期目标组成。

使命是组织或企业表达自己的一种责任感甚至是一种强烈的普世观，即组织的行业选择，确立组织介入方向，提供何种服务和产品，实现目标的原则。愿景是组织或企业表达自己行业位置目标，提供行业解决方案、实现方法，体现组织或企业的一种野心，是对整体业务未来发展的设想和蓝图。战略目标是组织或企业细化愿景，提出具体的业务特征和构建关键指标体系，铺设发展路径，设计好发展节奏，即近期目标、中期目标和远期目标。战略目标要基于市场洞察，要可量化。近期目标是组织或企业一步一个脚印实现战略意图的任务分解，近期目标一般为 1~2 年，是组织的开局阶段，大部分企业终止在这一阶段。

2. 市场洞察　市场洞察由宏观分析、客户分析、竞争分析等组成。

宏观分析是分析框架点、线、面、体中的"体"。重点分析产业格局（趋势）的变化创造的影响、机遇和挑战；分析整体市场空间容量；分析新技术的发展趋势、变化及影响、机遇和挑战；分析本组织或企业的可参与空间。客户分析即本组织或企业的市场定位，对客户进行分类；分析客户的战略重点、业务需求与痛点；分析客户面临的压力与挑战，以及客户购买行为的关键因素。竞争分析就是分析市场竞争现状，尤其是对手的战略、价值主张、价值创造、价值获取和竞争策略；分析本组织或企业与对手的区别与差距。

3. 创新焦点　创新焦点的核心在于围绕价值创造，要点是寻找与识别机会、构思捕捉机会、制定和优化对策、建设和匹配能力、构建和强化优势。创新焦点包括产品或服务创新、市场创新、营销方式创新、业务流程创新、运营模式创新和组织架构创新。创新焦点就是要提出创新想法，不仅能响应现实需求，还能应对未来挑战，甚至引领行业发展。

产品或服务创新既要满足用户个性化需求，又要实现灵活适宜的性价比，为客户提供良好的体验。市场创新即精准定位并抓住产品或服务面向的市场，甚至创造新的市场需求。营销方式创新即在划定市场边界的情况下，精准分析和掌握用户需求特征和消费行为，进行相应的销售和促销策略创新。业务流程创新即通过业务流程再造，既要提高响应市场的灵敏度和精准度，又要大幅度提高业务效率。运营模式创新即组织内部财会、技术、生产运营、营销、人力资源各管理的创新，实现这五大职能的有机统一、协同有力。组织架构创新即引入大数据、AI 等实现组织管理信息化、智能化，实现技术与知识共享，更便利高效。

4. 业务设计（商业模式） 业务设计①帮助感知并捕捉，甚至创造商业机会，包括客户选择与细分、价值主张与创造、价值获取与传递、活动边界与范围、战略与风险控制，（图3-10②）。由图3-10可知，业务设计的关键在于紧紧围绕"价值"，基于资源配置，明确主要活动与主持活动要产生最佳利润率以及成本控制，即强调可执行。业务模式或商业模式画布（Business Model Canvas）③是协助进行业务设计的重要工具。

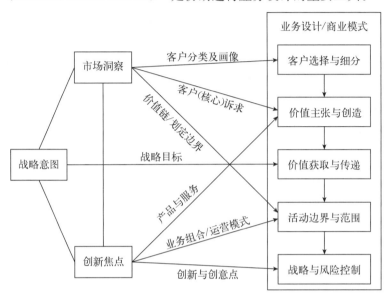

图3-10 战略规划与业务设计

客户选择与细分即界定服务对象，构建客户画像，并对客户进行分类，协调现有市场与新兴市场群体。价值主张与创造即表达独特的产品或服务满足客户核心诉求并赢得竞争性差异，刻画企业如何创造价值。价值获取与传递即获利模式和渠道通路，如何创造收益与利润，表达价值增值、传递与分享策略。活动边界与范围即产品或服务的边界，核心由自己掌握，借助产业链进行外包设计。战略与风险控制即比较优势获得与持久性，并能应对潜在风险和克服不确定性，避免商业模式被削弱和破坏。

（四）HW-BLM战略解码[141]

1. 战略导出 一是进行组织战略澄清。由规划落地的被动思维转变为落地规划的主动思维，依据各部门责任中心定位，将战略规划具体化、指南化和KPI化或OKR化。二是根据战略方向明确战略举措。分析关键成功要素与其构成，导出备选指标，根据战略相关性、可测量性、可控性和可激发性，进行筛选和平衡性检验。三是进行战略衡量确定指

---

① YouCore课件"业务领先模型BLM"将商业模式作为业务设计的核心。

② 修改自YouCore课件"业务领先模型BLM（2）—业务设计"。

③ 商业模式画布是亚历山大·奥斯特瓦德（Alexander Osterwalder）与亚马逊合作，于2010年推出的分析工具。商业模式画布以结构化的方式，从4个视角出发（服务谁、提供什么产品与服务、如何提供产品与服务和怎样通过这些产品与服务赢利），按九大模块（用户细分、价值主张、关键业务、核心资源、重要合作、用户关系、渠道、成本结构和收入来源）帮助明确商业模式。

标。实现战略绩效考核化。

2. 战略解码   在战略发出的基础上，制定年度计划、重点工作及其目标，根据重点工作和目标，明确流程和组织职责，进行责任中心定位，在战略地图工具和项目管理工具的帮助下，制定年度工作分解结构（Work Breakdown Structure，WBS）[①]、组织绩效考核（KPI）以及管理者个人绩效（PBC），实现战略任务分解到具体的任务和人员，绩效的编制要可预期。

（五）HW-BLM 执行框架

1. 关键任务及依赖关系   利用逐级承接分解法（DOAM）[②] 逐级分解和逐级承诺来辅助关键任务分解衔接，利用关键任务组件化业务模型（Component Business Model，CBM）[③] 识别部门关键任务支持价值主张的实现，确保关键任务与业务设计一致。进行关键任务分析时，要明确掌握本部门关键任务及任务之间的作业流程，必须知晓关键任务之间（包含其他部门关键任务）的依赖关系，如集合型依赖关系、继起型依赖关系、交互型依赖关系；同时检查与内外部合作伙伴之间依赖关系的强度，包括信任度、同盟性、灵活性、权责明晰度和就某一问题澄清的一致性。

2. 正式组织   组织架构匹配组织战略目标和业务设计，实现资源和权力在组织中的分配和授权，确保决策通达、协作有力，并评估组织体系与战略是否一致。组织构架不是一成不变的，要随着组织的战略目标和关键业务的实际需要进行演化。小米公司发展的10 年间，其组织结构进行了 3 次重大调整以适应业务调整和生态链建设。

3. 核心人才   核心人才（团队）的能力、动机要与战略及业务结构相匹配，实现战略高效贯彻执行。人才获得、培养、激励和留存要与关键任务相一致。实现战略规划（Strategic Planning，SP）、业务规划（Business Plan，BP）和绩效（绩效考核 KPI、主管个人绩效 PBC）形成闭环。

4. 氛围与文化   培养积极进取的组织或企业氛围，并用同一种语言对组织文化进行强化，激发人才创造更大的自主创新创意成绩。

组织越大，越需要价值观的支撑，培育组织文化，营造特色氛围，增强组织的凝聚力，推动组织持续性健康成长。

四、数字政府建设

（一）数字政府建设的背景

1. 国家治理体系和治理能力现代化的需要   2016 年 10 月 9 日，习近平总书记在中共

---

① 工作分解结构是项目管理中的重要概念，以项目的可交付结果为导向，将项目整体任务拆解分组成较小的、易于管理和控制的工作包（Work Package）。

② 逐级承接分解法（DOAM，即 Direction 行动方向，Objective 目标，Action 行动计划，Measure 衡量标准 4 个英文单词首字母的缩写）是彼得·德鲁克（Peter Drucker）目标管理的内容。

③ 组件业务模型是 IBM 创造的业务模型组件化的方法，通过将组织活动重新分组到数量可管理的离散化、模块化和可重用的业务组件中，确定改进和创新机会，实现有组织的提供服务的能力。

中央政治局第三十六次集体学习时指出，随着互联网特别是移动互联网发展，社会治理模式正在从单向管理转向双向互动，从线下转向线上线下融合，从单纯的政府监管向更加注重社会协同治理转变。我们要深刻认识互联网在国家管理和社会治理中的作用，以推行电子政务、建设新型智慧城市等为抓手，以数据集中和共享为途径，建设全国一体化的国家大数据中心，推进技术融合、业务融合、数据融合，实现跨层级、跨地域、跨系统、跨部门、跨业务的协同管理和服务。要强化互联网思维，利用互联网扁平化、交互式、快捷性优势，推进政府决策科学化、社会治理精准化、公共服务高效化，用信息化手段更好感知社会态势、畅通沟通渠道、辅助决策施政。2017 年 12 月 8 日，习近平总书记在中共中央政治局第二次集体学习时强调，要运用大数据提升国家治理现代化水平。要建立健全大数据辅助科学决策和社会治理的机制，推进政府管理和社会治理模式创新，以实现政府决策科学化、社会治理精准化、公共服务高效化。

2019 年 4 月 26 日，李克强总理签署国务院令，公布《国务院关于在线政务服务的若干规定》，依法促进和保障一体化在线平台建设，为企业和群众提供高效、便捷的政务服务，优化营商环境。2019 年 10 月 31 日，党的十九届中央委员会第四次全体会议通过了《关于坚持和完善中国特色社会主义制度　推进国家治理体系和治理能力现代化若干重大问题的决定》，首次从中央层面提出了"推进数字政府建设"。

数字政府（Digital Government）就是要突破条条块块和减少冗余层次，联通行业数据、政府数据，融合碎片化信息，疏通"信息孤岛"，实现政府运行、政府治理、协同作战的智能集成。早期的政务 OA 系统只是实现了政府办公自动化、数据安全交换等简单功能，严格意义上算不上数字政府；现如今的"移动政务""一网通办"电子政务系统则实现了数字政府的部分业务功能，为数字政府系统性实践提供了丰富的素材、样本和奠定了部分功能性基础。随着信息、通信、大数据、区块链、物联网、AI（如应用于公文写作与工作汇报）和量子通信等技术的不断发展和简化，随着人们越来越习惯于数字政务（"新冠"疫情数字化较好训练了国民数字化应用），必将推动数字政府功能逐步丰富和完善。数字政府要实现政府治理的数字化、网络化、平台化、协同化和智慧化，从而打造面向国内国际的、虚实结合的开放式创新型、服务型、法治型、知识型政府[142]。

2. 自由贸易港（区）推进全面深化改革的需要　自由贸易港（区）的政府必须既面向国际又面向国内，必须是法治型、服务型与知识型政府。自由贸易港（区）建设是系统工程，需要多部门协同，实现包括战略联动、制度创新、法律配套、风险防控、数据联通等在内的系统集成创新[143]。自由贸易港（区）建设本身和集成创新也是要立足于为国家治理能力和治理体系现代化提供试验样本、践行全面深化改革探索、处理政府与市场的关系和承担压力测试[144]。

目前全球自由贸易港超 130 个[145]，其中最具影响力的自由贸易港有新加坡、中国香港、迪拜港、纽约港、汉堡港、阿姆斯特丹港等，这些都是我国全面深化改革对标超越的对象。新加坡是全球三大自由贸易港之一，其营商环境在国际排名稳居前列，数字政府方面也有丰富经验。早在 1989 年，新加坡就通过全球首个贸易管理电子平台－TradeNet，将海关、税务等政府部门联通，为企业提供便捷的一站式通关服务；2007 年，在 TradeNet 的基础上，启用 TradXchange 平台，将服务贸易、物流行业团体和政府部门的 IT 系统进行流程与数据处理[146]。新加坡在政府职能创新方面经验丰富，具有国际认可的法制保障、高效的政府管理体制、简化的财税投资制度、灵活的汇率制度和完善的商业系统[147]。

3. 重塑政府以适应不同阶段发展战略的需要 企业的组织形式要根据自身战略及其执行进行动态调整、优化和再造，小米和华为的战略有所不同，其组织形式也就有所不同，小米和华为的组织也在根据战略和业务不断再造进化。政府作为组织的一种形态，同样有其自己的战略以及战略执行。不同的地方政府除拥有共性的社会治理事务外，也会有其特色的战略，在数字技术的支撑下，政府组织完全可以学习借鉴企业组织，重塑和改革其组织构架。1992 年，戴维·奥斯本（David Osborne）、特德·盖布勒（Ted Gaebler）出版了著作《改革政府——企业精神如何改革着公营部门》。奥斯本和盖布勒通过《戈尔报告》[①] 对美国重塑政府产生了重大影响，对我国行政改革也有一定的借鉴意义[148]。

我国在政府再造、改革和重塑过程中，高举以人民为中心的思想。2015 年 11 月，习近平总书记在中央政治局第二十八次集体学习时，提出以人民为中心。美国重塑政府运动重要措施之一就是构建电子政府和打造高效政府，我国改革和重塑政府的重要途径之一是基于数字革命和量子通讯[②]打造升级版的数字政府。美国重塑政府运动重建了政府运作机制，我国大部制持续改革同样重建政府运作机制，但我国重建政府运作机制不是在"小政府大社会"和"大政府小社会"中进行选择[149]，而是重构合乎中国特色社会主义不同发展阶段的实情。

（二）数安政府内涵与特征

1. 数字政府定义与内涵 参考玛丽亚·卡森尼斯（Maria Katsonis）和安德鲁·波特罗斯（Andrew Botros）等对数字政府的定义[150]，数字政府是将数字技术与政府治理进行深度融合，以更好地面向所有公众或企事业单位或社团组织，以实现跨层级、跨地域、跨系统、跨部门、跨业务的协同管理和高效服务为目标，而构建起来的高质量的数字化、智能化的平台型治理模式。

我国打造数字政府的重要意义在于数字政府将是我国基于数字革命实现政府治理体系和治理能力现代化的关键路径之一。数字政府的核心内涵是全面重塑政府内部结构和流程、全面重塑政府与民众以及各类组织之间关系、全面重塑政府与社会的关系[151]；数字政府价值本质即人民性、开放性和整体性，人民性即以人民为中心的价值取向，开放性即以全面深化改革为核心的治理要求，整体性即政府治理体系和治理能力实现现代化的本质要求[152]。

---

① 《从过程到结果：创造一个少花钱多办事的政府》（简称《戈尔报告》）。

② 2017 年 9 月 29 日，世界首条量子保密通信干线——"京沪干线"正式开通。"京沪干线"与"墨子号"量子卫星的完美对接，让我国率先实现了洲际量子保密通信。

数字政府建设是一项复杂的系统工程，与目前的电子政务系统相比是一次质的飞跃，实际上没有模式可以参考，也正是如此才显得创新的弥足珍贵，谁抓住先机谁就能提前实现换道超车，不仅在营商环境上实现质的飞跃，也可以加速我国政府治理体系和治理能力的现代化。

2. 数字政府特征　数字政府是推进政府管理和社会治理模式创新的重要途径。英国学者帕特里克·邓利维（Patrick Dunleavy）认为数字政府是集技术、组织、权威等于一体的复合特征[150]，在技术层面，面对数字革命的大趋势，通过信息技术驱动、大数据驱动与思维驱动完成对传统政府的跨越式升级，既是政府治理的新型工具，又赋能政府科学感知、预测并进行理性决策与干预[153]；在组织层面，数字政府打破条块和减少层次冗余，帮助政府加快实现行政体制改革，实现政府即平台的发展理念，既顺应放管服改革又满足事中事后监管，形成更加开放、更加整体的组织形式，实现了向外的资源获取，形成多元化、集中化和自由化的权力分布[152]；在权威层面，数字政府在制度创新支撑下，作为网络中的关键节点，既可以继续维持或强化其对国内企业和社会组织的影响力，又可以延展到国际上，发挥在营商环境、国际贸易等方面的外延影响力。

（三）数字政府建设存在的问题

1. 存在系统性的难题　按照数字政府的定义，实际上没有模式可以参考。数字政府建设涉及4个维度的底层构架的革命。一是行政体系维度。推动行政体系改革以适应数字革命。涉及国家层面和省级层面的顶层设计以及国家与省级的协同协调，尤其是省级层面行政构架需要重塑和改革，既要破除条块分割打通数据，又要进行流程再造实现数据联接和开放协同。二是心理与认知维度。承认"屁股指挥脑袋"的工作实际，但反对局部利益损害全局利益，逐步消灭公权力的灰色地带。更重要的是，培养政府工作人员熟练应用数字系统的能力，将政府工作人员从简单工作、流程工程中解放出来，同时引导社会接受和使用数字系统的习惯，将企业和居民从通勤和等待中解放出来。三是数字底层系统设计维度。如同鸿蒙系统分布式微内核构架设计，避免系统臃肿和数据堵塞，增强可扩展性并破除部门"信息孤岛"和避免数据散落。我国电子政务系统基本上是按条块分建，缺乏统一的标准，难以实现数据融通。四是底层基层数据维度。既要基于安全保障、信用支持与隐私保护，贯通政府、企业与居民的基础数据，集成政府数据打造政府大数据中心①，实现全国乃至全球公认的电子 ID 系统②、电子印章系统以及电子证照系统；又要基于万物智联，实现智慧城市建设与管理。

2. 存在系统安全的问题　数据安全已成为国家安全的重要组成部分。2021 年黑客勒索美国最大燃油管道公司 Colonial Pipeline 的事件加深了全球对数据安全的认知。《今日俄罗斯》披露全球 40％至 75％的网络攻击源头来自美国，美国是名副其实的"黑客帝国"[154]。

---

①　甚至推动集成居民个人数据建立个体数据中心和集成企业数据建立单个企业数据中心，解决个体数据分散的问题。

②　以平安保险公司为例，基于电子 ID 数据，平安保险公司已实现了"不见面审批"购保与理赔。

数据政府既是基于大数据又是创造大数据的系统，数据安全至关重要，必须未雨绸缪。

3. 存在隐私保护的问题　政府数据可以通过脱密脱敏实现数据深度挖掘利用，但主要问题是居民的隐私以及企业信息的保护尺度，即边界的问题，以及如何脱敏处理。以构建居民健康数据档案为例，就涉及个人的隐私，如何加以利用，目前保护的边界还不够清晰，需要处理好保护与开放的关系、隐私（或商业信息）保护与产业发展的关系以及政府与企业的数字权力边界，应以法律法规的方式予以界定。

（四）数字政府建设方略与路径

对标国际，英国和美国被认为在数字政府方面走在前列，在数字政府建设运行的标准体系、治理结构等方面经验丰富，倡导政府即平台（Governmnet as a platform）① 的理念。对标国内，广东省和浙江省作为国家电子政务综合试点的省份，在推进数字政府、智慧城市方面已下好了"先手棋"，在数字政府建设方略和路径方面值得借鉴。

以英国为例，其在推动数字政府方面的主要经验是制定战略并提供制度保障、构建技术与标准体系和完善治理结构[155]：一是在战略与制度保障层面，英国在 2012 年发布《数字政府战略》，以及基于该战略在 2017 年发布《政府转型战略 2017—2020》，以整体性思维统筹建设数字政府；二是在技术与标准体系层面，2013 年发布了《数字服务标准》，并在 2015 年、2017 年和 2019 年予以更新，为创建和运行数字服务提供统一的标准与考核指标，支撑数据开放与共享；三是在治理结构层面，1994 年成立中央计算机通讯局（CCTA）推动电子政务集约化，2011 年成立政府数字服务局（GDS）具体负责引领英国政府数字化转型。以美国为例，美国在 2012 年发布《数字政府：构建一个二十一世纪平台以更好地服务美国人民》，提出以信息为中心、用户至上、平台共享、安全隐私等数字化原则[156]。

再以浙江省为例，推动数字政府建设的经验就是平台驱动[157]：一是实现数据通，实现跨层级、跨领域、跨部门的数据归集、共享、交换，实现模块化组装快速应对；二是实现业务通，实现政府职能转变优化和业务大融合，化繁为简，减少条块数据碎片化；三是实现协作通，突破部门能力限制，释放数据活力，实现共创共治、办事一体化、快速便捷；四是实现交互通，增强数字治理能力，实现 AI 智能应用、智能交互和个性化服务。最后以广东省构建政务云平台为例[158]：一是线上线下结合；二是培育数字治理队伍；三是建立数字规范；四是整合数据多元参设。

数字政府建设方略与路径的核心在于利用数字革命重塑政府-组织与机制支撑、平台化治理理念-数字化思维与变革、技术标准先行-奠定一张网的基础、人才与环境培养-营造数字政府的社会大环境。

---

① 由蒂姆·奥莱利（Tim O'Reilly）在 2011 年根据苹果平台服务模式提出的概念。

第十二节　环境扫描理论

一、环境扫描定义与内涵

在不确定的环境中，成功的决策依赖于个人与组织能有效搜寻并处理相关信息的能力，环境扫描（Environmental Scanning）就是支持高质量决策的有力工具[159]。环境扫描是哈佛商学院弗朗西斯·阿桂拉（Francis Aguilar）于 1967 年在其著作《商务活动环境扫描》中构建的方法论。环境扫描是指决策者获取有关事件（Event）、趋势（Trend）、变革的弱信号以及描述组织与环境之间关系的信息，即推动趋势以特定方向发展的驱动力（Driver），且利用这些信息识别、处理战略性的威胁与机遇并指导战略管理的动态过程[159-160]。

理查德·达夫特（Richard Daft）于 1988 年发表了一篇构建高管环境扫描行为的理论模型论文，成为环境扫描标志性论文[160]。ChunWei Choo 将环境扫描划分为情境维度、组织战略、信息需求、信息搜寻、信息利用和管理者特质 6 个维度（图 3 - 11），其中，情境维度发挥感知环境不确定性的作用，并决定了扫描的频率与强度[161]。

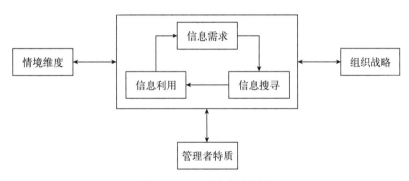

图 3 - 11　环境扫描的维度

国家南繁硅谷平台的构建与运营同样面临不确定环境，进行科学决策就需要进行环境扫描，强化对产业发展关键性科技以及产业需求的敏感性，以快速适应外部环境，适应新时代的发展。PESTEL、三维 SWOT、EFAS 和智库 DIIS 模型等是进行环境扫描的典型模型工具。

二、PESTEL 分析法

PESTEL 分析法[162]又称大环境分析，是在 PEST 分析法的基础上发展而来的，从政治因素（Political）、经济因素（Economic）、社会因素（Social）、技术因素（Technological）、环境因素（Environmental）和法律因素（Legal）6 个方面总体上分析掌握宏观环境，并评价这些因素对企业战略目标和战略制定的影响。

政治因素主要分析归纳政治力量和相关政策法规；经济因素主要分析归纳外部的经济结构、产业布局、资源状况、经济发展水平以及未来经济走势等；社会因素分析归纳所在社会的历史发展、文化传统、价值观念、教育水平以及风俗习惯等；技术因素分析归纳有关的新技术、新工艺、新材料的出现、发展趋势以及应用前景；环境因素分析归纳活动、产品或服务与环境发生相互作用的要素；法律因素分析归纳法律、法规、司法状况和公民法律意识所组成的综合系统。

三、三维 SWOT 分析

三维 SWOT 分析是由陈冠铭等在著作《中国南繁发展与产业化研究》中提出的分析方法。1971 年，哈佛大学商学院肯尼思·安德鲁斯（Kenneth Andrews）教授等提出了 SWOT 分析法（也称态势分析法），S 即 Strength（优势），W 即 Weakness（弱势），O 即 Opportunity（机会），T 即 Threat（威胁），从这 4 个方面进行定性分析，并给出决策建议。SWOT 最早用于企业分析，经过改造后可用于产业内外部环境分析。

我国历史上著名的军事家孙膑在《孙膑兵法·月战》中提出了"天时、地利、人和，三者不得，虽胜有殃"，体现出决策时的三维全局立体思想，侧重于决策前的思考和权衡。孙膑的这种三维全局思想可以与 SWOT 结合，按"人和""地利"和"天时"3 个维度对影响要素进行归类，建立三维 SWOT 分析模型。在决定发展一项新产业时，可以利用孙膑三维结合 SWOT，进行全局多方位地分析研究，增加 SWOT 分析的层次性，这样可以更好地对产业进行全方位分析，发现机遇，找出问题，为产业规划提供参考。在将研究问题和对象层次化方面，我国先哲孟子也在《孟子·公孙丑（下）》中提出了"天时不如地利，地利不如人和"，孟子这一思想就是侧重于决策时的布局与实施。因此，在研究产业发展时，要抓主要矛盾和矛盾的主要方面，进行主次分析，对分析结果按层次归类，找出产业发展的关键问题和内在发展动力。

四、EFAS 分析

综合各类环境分析，制作 EFAS（External Factors Analysis Summary），即外部因素合成，将外部因素归纳为普遍接受的机会与威胁两类，并赋予权重，对此因素进行优劣评估。

EFAS[①] 包括政治法律环境、经济环境、社会文化与自然环境以及技术环境等宏观环境分析，包括产业的生命周期、产业结构分析、市场结构与竞争、市场需求状况、产业内的战略群体和成功关键因素等微观环境分析。

---

① https：//baike. baidu. com/item/EFAS/4497377？fr=aladdin

五、智库 DIIS 理论框框

潘教峰研究员从问题导向、证据导向和科学导向出发，提出了智库 DIIS 模型，即 Data Information Intelligence Solution 理论框框（图 3-12）。从表 3-2 至表 3-4 可知，智库 DIIS 三维模型是进行系统分析的框架与工具集成，在大数据及爬虫软件的支撑下，可以快速获取信息并帮助科学决策。

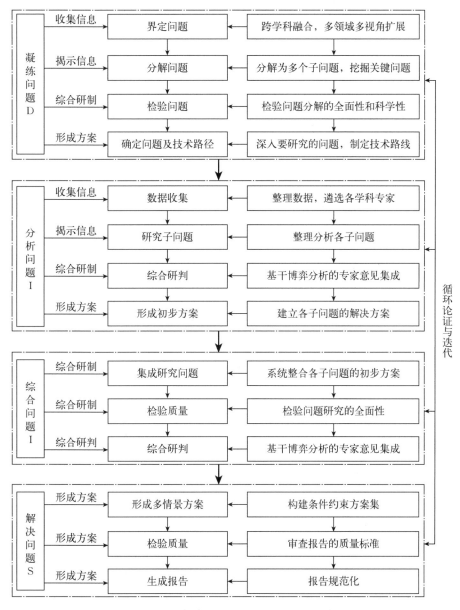

图 3-12　智库 DIIS 研究流程及分析框架

表 3－2 智库 DIIS 智库导向维

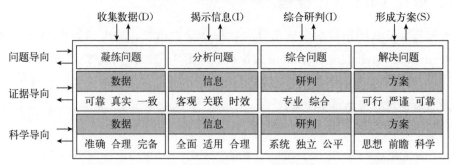

表 3－3 智库 DIIS 研究过程维

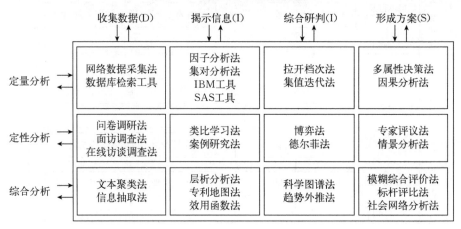

表 3－4 智库 DIIS 方法维

基于智库 DIIS 框架[163-165]，小规模智库研究采取"调研现状—提炼信息—专家评议—生成论据"的流程，中规模智库研究采取"明确需求—解析要因—迭代论证—得出结

论"的流程，大规模智库研究采取"凝练问题—分析问题—综合问题—解决问题"的流程。

参考文献

[1] 胡展硕．熊彼特理论创新点及中国创新现状——基于熊彼特破坏性创造理论的研究［J］．发展研究，2020（2）：95－100.

[2] 王丽娟，吕际云．学习借鉴熊彼特创新创业思想的中国路径研究［J］．江苏社会科学，2014（6）：267－271.

[3] 徐则荣．西方技术创新经济学的新发展［J］．福建论坛（人文社会科学版），2013（5）：12－21.

[4] 文魁，徐则荣．西方制度创新经济学的新进展［J］．海派经济学，2013，11（4）：150－160.

[5] 梁乙凯，戚桂杰，周蕊．开放式创新平台组织采纳关键因素研究［J］．科技进步与对策，2017，34（6）：1－6.

[6] 易高峰，邹晓东．面向战略性新兴产业的产学研用协同创新平台研究［J］．高等工程教育研究，2015（2）：39－43.

[7] 陈翔，王娟．开放式创新下民企技术创新能力演进逻辑——基于华为的探索性案例研究［J］．新经济导刊，2020（4）：76－83.

[8] 张永成，郝冬冬，王希．国外开放式创新理论研究11年：回顾、评述与展望［J］．科学学与科学技术管理，2015，36（3）：13－22.

[9] 徐越如．习近平科技创新思想与京津冀协同创新实践［A］．天津市社会科学界联合会．"四个全面"·创新发展·天津机遇——天津市社会科学界第十一届学术年会优秀论文集（上）［C］．天津市社会科学界联合会：天津市社会科学界联合会，2015：6.

[10] 杨继瑞，杨蓉，马永坤．协同创新理论探讨及区域发展协同创新机制的构建［J］．高校理论战线，2013（1）：56－62.

[11] 王海军，祝爱民．产学研协同创新理论模式：研究动态与展望［J］．技术经济，2019，38（2）：62－71.

[12] 丁焕峰．区域创新理论的形成与发展［J］．科技管理研究，2007（9）：18－21.

[13] 付淳宇．区域创新系统理论研究［D］．长春：吉林大学，2015.

[14] 毛艳华．区域创新系统的内涵及其政策含义［J］．经济学家，2007（2）：84－90.

[15] 邓恒进，胡树华，杨洁．区域创新系统运行的"四三结构"模型解析——武汉东湖高新区国际通信专用通道建设分析［J］．科学学与科学技术管理，2009，30（11）：81－85.

[16] 易雅鑫．基于价值网模式的烟草企业竞争战略研究［D］．武汉：武汉大学，2012.

[17] 魏然．产业链的理论渊源与研究现状综述［J］．技术经济与管理研究，2010（6）：140－143.

[18] 刘烈宏，陈治亚．产业链演进的动力机制及影响因素［J］．世界经济与政治论坛，2016（1）：160－172.

[19] 窦炜，施军，魏建新．价值链理论与应用研究述评［J］．中国管理信息化，2013，16（2）：40－43.

[20] 任永菊．价值链理论的历史演进及其未来［J］．中国集体经济，2012（6）：82－83.

[21] 张燕．价值网——一种新的战略思维组合［J］．价值工程，2002（2）：14－17.

[22] 卢泰宏，周懿瑾，何云．价值网研究渊源与聚变效应探析［J］．外国经济与管理，2012，34（1）：65-73.

[23] 林成．从市场失灵到政府失灵：外部性理论及其政策的演进［D］．沈阳：辽宁大学，2007.

[24] 约瑟夫·费尔德，李政军．科斯定理1-2-3［J］．经济社会体制比较，2002（5）：72-79.

[25] 张旭华．技术外部性、货币外部性与全要素生产率增长——基于高技术产业的空间面板计量研究［J］．投资研究，2012，31（10）：68-83.

[26] 闻中，陈剑．网络效应与网络外部性：概念的探讨与分析［J］．当代经济科学，2000（6）：13-20.

[27] 孙恩慧，王伯鲁．科技与社会杂合体中的合作与博弈——行动者网络理论视野中的转基因作物产业化过程［J］．佛山科学技术学院学报（社会科学版），2017，35（6）：1-9＋28.

[28] 郭俊立．巴黎学派的行动者网络理论及其哲学意蕴评析［J］．自然辩证法研究，2007（2）：104-108.

[29] 周怡．社会结构：由"形构"到"解构"——结构功能主义、结构主义和后结构主义理论之走向［J］．社会学研究，2000（3）：55-66.

[30] 吴莹，卢雨霞，陈家建，王一鸽．跟随行动者重组社会——读拉图尔的《重组社会：行动者网络理论》［J］．社会学研究，2008（2）：218-234.

[31] 郭明哲．行动者网络理论（ANT）［D］．上海：复旦大学，2008.

[32] 赵毅．商业模式价值重塑效应分析——基于行动者网络理论［J］．价值工程，2015，34（18）：251-253.

[33] 王夏洁，刘红丽．基于社会网络理论的知识链分析［J］．情报杂志，2007（2）：18-21.

[34] 张秀娥，张皓宣．社会网络理论研究回顾与展望［J］．现代商业，2018（20）：154-157.

[35] 蒋海曦，蒋瑛．新经济社会学的社会关系网络理论述评［J］．河北经贸大学学报，2014，35（6）：150-158.

[36] 严亚兰，张勇，查先进．国外结构洞理论应用研究进展［J］．图书情报知识，2019（4）：104-112.

[37] 梁鲁晋．结构洞理论综述及应用研究探析［J］．管理学家（学术版），2011（4）：52-62.

[38] 石凯，胡伟．政策网络理论：政策过程的新范式［J］．国外社会科学，2006（3）：28-35.

[39] 侯云．政策网络理论的回顾与反思［J］．河南社会科学，2012，20（2）：75-78＋107.

[40] 李金华．网络研究三部曲：图论、社会网络分析与复杂网络理论［J］．华南师范大学学报（社会科学版），2009（2）：136-138.

[41] 张明君．分形理论在复杂网络研究中的应用［D］．青岛：青岛大学，2008.

[42] 刘晓庆，陈仕鸿．复杂网络理论研究状况综述［J］．现代管理科学，2010（9）：99-101.

[43] 张福公，徐强．亚当·斯密的分工理论及其哲学意蕴再研究［J］．东吴学术，2019（6）：104-111.

[44] 赵中秋．全球价值链下我国制造业企业技术升级研究［D］．长沙：湖南科技大学，2015.

[45] 罗其友，李建平，陶陶，等．区域比较优势理论在农业布局中的应用［J］．中国农业资源与区划，2002（6）：27-33.

[46] 汪斌，董赟．从古典到新兴古典经济学的专业化分工理论与当代产业集群的演进［J］．学术月刊，2005（2）：29-36＋52.

[47] 郑礼明．分工理论的演变与发展［J］．区域治理，2019（34）：24-26.

[48] 郭忠华．劳动分工与个人自由——对马克思、涂尔干、韦伯思想的比较［J］．中山大学学报（社会

科学版），2012，52（5）：168－183.

[49] 王虎学．涂尔干社会分工理论再思考 [J]. 武陵学刊，2016，41（1）：50－53.

[50] 王萌．涂尔干社会分工理论研究 [D]. 北京：中国政法大学，2014.

[51] 韦森．知识在社会中的运用与误用——从哈耶克的知识分工理论看人类社会的货币控制 [J]. 学术月刊，2018，50（2）：58－69.

[52] 吴常幸．哈耶克论知识分工与自由 [D]. 南京：东南大学，2017.

[53] 张明勇．从"知识分工"到自由秩序——哈耶克思想体系的内在理路研究 [A]. 中国制度经济学学会筹委会、山东大学经济研究院（中心）、中国制度经济学年会组委会、《制度经济学研究》编辑部．中国制度经济学年会论文集 [C]. 中国制度经济学学会筹委会、山东大学经济研究院（中心）、中国制度经济学年会组委会、《制度经济学研究》编辑部：北京天则经济研究所，2006：13.

[54] 高铭泽．马克思分工理论研究 [D]. 兰州：西北师范大学，2020.

[55] 卢彩娜．马克思分工理论研究 [D]. 长春：长春理工大学，2019.

[56] 尹才祥．马克思主义分工理论的思想精髓及其时代价值 [J]. 南京师大学报（社会科学版），2016（6）：40－46.

[57] 北京大学中国经济研究中心课题组．中国出口贸易中的垂直专门化与中美贸易 [J]. 世界经济，2006（5）：3－11＋95.

[58] 庄惠明，王珍珍．国际垂直专业化分工理论研究述评 [J]. 福建师范大学学报（哲学社会科学版），2007（6）：137－142.

[59] 汪洋．新国际分工理论演进与工序分工理论的兴起——一个线索性文献述评 [J]. 产业经济研究，2011（6）：87－94.

[60] 黄庆波，李佳蔚．工序分工视角下我国生产性服务贸易的发展对策 [J]. 国际贸易，2016（7）：54－57.

[61] 王一丹．模块化理论在产品创新中的应用 [D]. 北京：北京化工大学，2008.

[62] 昝廷全．系统经济：新经济的本质——兼论模块化理论 [J]. 中国工业经济，2003（9）：23－29.

[63] 王瑶．基于模块化理论的供应链金融服务创新研究 [D]. 北京：北京交通大学，2011.

[64] 张小凤．基于模块化理论的创意产业集群研究 [D]. 福州：福建师范大学，2012.

[65] 田秀华，李永发．商业生态系统理论的脉络——基于英语文献的梳理 [J]. 黑龙江工业学院学报（综合版），2017，17（5）：69－74.

[66] 崔森，李万玲．商业生态系统治理：文献综述及研究展望 [J]. 技术经济，2017，36（12）：53－62＋120.

[67] 韩丽，顾力刚．商业生态系统中企业间共生及其稳定性分析 [J]. 中国管理信息化，2011，14（6）：42－43.

[68] 徐长春，杨雄年．创新生态系统：理论、实践与启示 [J]. 农业科技管理，2018，37（4）：1－4.

[69] 罗晖，程如烟，侯নন清．优化整个社会建设创新经济——《创新美国——在充满挑战和变革的世界中繁荣昌盛》述评 [J]. 中国软科学，2005（5）：156－158.

[70] 张仁开．上海创新生态系统演化研究 [D]. 上海：华东师范大学，2016.

[71] 杨荣．创新生态系统的界定、特征及其构建 [J]. 科学与管理，2014，34（3）：12－17.

[72] 梅亮，陈劲，刘洋．创新生态系统：源起、知识演进和理论框架 [J]. 科学学研究，2014，32（12）：1771－1780.

[73] 孙艳艳，张红，张敏．日本筑波科学城创新生态系统构建模式研究 [J]．现代日本经济，2020，39 (3)：65 - 80.

[74] 钱平凡，钱鹏展．平台生态系统发展精要与政策含义 [J]．重庆理工大学学报（社会科学），2017，31 (2)：1 - 9.

[75] 张立岩．区域科技创新平台生态系统发展模式与机制研究 [D]．哈尔滨：哈尔滨理工大学，2015.

[76] 孙丽娜．"资源依赖"理论视角下的美国创业型大学发展模式研究 [D]．长春：东北师范大学，2016.

[77] 刘海兰．地方本科院校转型的理性思考——基于资源依赖理论的分析 [J]．高教探索，2016 (4)：35 - 42.

[78] 吴小节，杨书燕，汪秀琼．资源依赖理论在组织管理研究中的应用现状评估——基于 111 种经济管理类学术期刊的文献计量分析 [J]．管理学报，2015，12 (1)：61 - 71.

[79] 王琳，陈志军．价值共创如何影响创新型企业的即兴能力？——基于资源依赖理论的案例研究 [J]．管理世界，2020，36 (11)：96 - 110＋131＋111.

[80] 杨春华．资源基础理论及其未来研究领域 [J]．商业研究，2010 (7)：26 - 29.

[81] 刘力钢，刘杨，刘硕．企业资源基础理论演进评介与展望 [J]．辽宁大学学报（哲学社会科学版），2011，39 (2)：108 - 115.

[82] 汪菲．基于资源基础理论的国家竞争力评价研究 [D]．天津：天津大学，2007.

[83] 吴金南，刘林．国外企业资源基础理论研究综述 [J]．安徽工业大学学报（社会科学版），2011，28 (6)：28 - 31.

[84] 陈晓晓．创意企业绩效关键影响因素研究：基于资源基础理论 [D]．上海：上海交通大学，2018.

[85] 梁强，罗英光，谢舜龙．基于资源拼凑理论的创业资源价值实现研究与未来展望 [J]．外国经济与管理，2013，35 (5)：14 - 22.

[86] 黄婉莹，谢洪明．新"资源"理论的演化：从内部到外部 [J]．管理现代化，2021，41 (1)：54 - 57.

[87] 祝振铎，李新春．新创企业成长战略：资源拼凑的研究综述与展望 [J]．外国经济与管理，2016，38 (11)：71 - 82.

[88] 张青，华志兵．资源编排理论及其研究进展述评 [J]．经济管理，2020，42 (9)：193 - 208.

[89] 邓志平．马克思与诺思制度理论的比较 [D]．湘潭：湘潭大学，2007.

[90] 李志强．马克思的制度理论：技术决定论·利益冲突论·产权制度演进论 [J]．生产力研究，2001 (1)：68 - 71.

[91] 刘瑜．马克思主义中国化视域下的制度理论研究 [D]．北京：中共中央党校，2019.

[92] 韩文国．中国家族企业制度理论分析 [D]．长春：吉林大学，2012.

[93] 郭雪艳．农村金融制度变迁对农业经济增长影响的实证研究 [D]．长春：吉林大学，2011.

[94] 涂智苹，宋铁波．制度理论在经济组织管理研究中的应用综述——基于 Web of Science (1996—2015) 的文献计量 [J]．经济管理，2016，38 (10)：184 - 199.

[95] 陈立敏，刘静雅，张世蕾．模仿同构对企业国际化—绩效关系的影响——基于制度理论正当性视角的实证研究 [J]．中国工业经济，2016 (9)：127 - 143.

[96] 湛正群，李非．组织制度理论：研究的问题、观点与进展 [J]．现代管理科学，2006 (4)：14 - 16＋57.

[97] 陈扬，许晓明，谭凌波．组织制度理论中的“合法性”研究述评 [J]. 华东经济管理，2012，26 (10)：137-142.
[98] 王雪．规制理论的逻辑演进 [J]. 法制与社会，2013 (25)：175-177.
[99] 赵志豪．西方规制理论变迁及其对我国政府规制的启示 [J]. 商业时代，2011 (32)：89-90.
[100] 王启娟，韩中华．简述政府规制理论的发展 [J]. 经济研究导刊，2010 (6)：190-191.
[101] 崔妍．国外政府规制理论研究述评 [J]. 学理论，2015 (1)：51-52.
[102] 王爱君，孟潘．国外政府规制理论研究的演进脉络及其启示 [J]. 山东工商学院学报，2014，28 (1)：109-113.
[103] 周晓萍，胡湛．让·梯若尔“新规制理论”及其对我国市场监管的启示 [J]. 中国工商管理研究，2015 (6)：50-53.
[104] 刘有贵，蒋年云．委托代理理论述评 [J]. 学术界，2006 (1)：69-78.
[105] 陈敏，杜才明．委托代理理论述评 [J]. 中国农业银行武汉培训学院学报，2006 (6)：76-78.
[106] 何光辉，陈俊君，杨咸月．机制设计理论及其突破性应用——2007 年诺贝尔经济学奖获得者的重大贡献 [J]. 经济评论，2008 (1)：149-154.
[107] 焦巍巍，李猛．机制设计理论及其在中国的应用——2007 年诺贝尔经济学奖获得者的主要学术贡献评述 [J]. 世界经济情况，2008 (7)：100-103.
[108] 邱询旻，冉祥勇．机制设计理论辨析 [J]. 吉林工商学院学报，2009，25 (4)：5-9+17.
[109] 方燕，张昕竹．机制设计理论综述 [J]. 当代财经，2012 (7)：119-129.
[110] 严俊．机制设计理论：基于社会互动的一种理解 [J]. 经济学家，2008 (4)：103-109.
[111] 孟卫东，周陨龙，黄波，等．机制设计理论在资源优化配置中的应用研究综述 [J]. 统计与决策，2010 (10)：160-162.
[112] 张维迎，柯荣住．信任及其解释：来自中国的跨省调查分析 [J]. 经济研究，2002 (10)：59-70+96.
[113] 宝贡敏，徐碧祥．组织内部信任理论研究述评 [J]. 外国经济与管理，2006 (12)：1-9+17.
[114] 王晓晶．水客集团走私犯罪研究 [D]. 上海：华东政法大学，2013.
[115] 李伟民，梁玉成．特殊信任与普遍信任：中国人信任的结构与特征 [J]. 社会学研究，2002 (3)：11-22.
[116] 向荣．西方信任理论及华人企业组织中的信任关系 [J]. 广东社会科学，2005 (6)：41-46.
[117] 张钢，张东芳．国外信任源模型评介 [J]. 外国经济与管理，2004 (12)：21-25.
[118] 彭泗清．信任的建立机制：关系运作与法制手段 [J]. 社会学研究，1999 (2)：55-68.
[119] 李德玲，吴燕琳．信任源理论对构建医患关系信任机制的启示 [J]. 医学与社会，2012，25 (8)：17-19.
[120] 胡晓．产业集群内企业间信任机制研究 [D]. 重庆：重庆工商大学，2011.
[121] 杨云霞，刘向军．试论多维度参与式信任合作模型的构建 [J]. 经济体制改革，2010 (6)：75-78.
[122] 江积海，廖芮．商业模式创新中场景价值共创动因及作用机理研究 [J]. 科技进步与对策，2017，34 (8)：20-28.
[123] 胡观景，袁亚忠，张思，等．价值共创研究述评：内涵、演进与形成机制 [J]. 天津商业大学学报，2017，37 (2)：57-64.

[124] 武文珍，陈启杰. 价值共创理论形成路径探析与未来研究展望 [J]. 外国经济与管理，2012，34 (6)：66-73+81.

[125] 汪涛，王婧. 价值共创视角下大型国有企业主导产业技术追赶作用机制 [J]. 技术经济，2018，37 (11)：1-7.

[126] 姜尚荣，乔晗，张思，等. 价值共创研究前沿：生态系统和商业模式创新 [J]. 管理评论，2020，32 (2)：3-17.

[127] 刘雯雯，郑鑫怡. 价值共创的概念辨析——基于国内外文献研究视角 [J]. 科学与管理，2017，37 (3)：52-60+78.

[128] 李燕萍，李洋. 价值共创情境下的众创空间动态能力——结构探索与量表开发 [J]. 经济管理，2020，42 (8)：68-84.

[129] 周文辉，曹裕，周依芳. 共识、共生与共赢：价值共创的过程模型 [J]. 科研管理，2015，36 (8)：129-135.

[130] 钱学敏. 论钱学森的大成智慧学 [J]. 中国工程科学，2002 (3)：6-15.

[131] 王乾坤. 集成管理原理分析与运行探索 [J]. 武汉大学学报（哲学社会科学版），2006 (3)：355-359.

[132] 忻榕，陈威如，侯正宇. 平台化管理 [M]. 北京：机械工业出版社，2019.

[133] 忻榕. 平台化管理的五要素 [J]. 风流一代，2020 (21)：49.

[134] 曾鸣. 智能商业 [M]. 北京：中信出版社，2018.

[135] 林友清. 品牌战略的"点线面体" [N]. 华夏酒报，2018-01-09 (C30).

[136] 梁靓，吴航，陈劲. 基于二元性视角的创新型企业组织架构研究——以海尔创新模式为例 [J]. 西安电子科技大学学报（社会科学版），2013，23 (3)：30-36.

[137] 王毅，李纪珍. 企业创新服务平台组织管理体系研究 [J]. 管理工程学报，2010，24 (S1)：38-46.

[138] 武亚军，郭珍. 转型发展经济中的业务领先模型——HW-BLM框架及应用前瞻 [J]. 经济科学，2020 (2)：116-129.

[139] 潘鹏飞. 为什么说华为的"BLM模型"是典型的"全过程绩效管理"？ [EB/OL]. (2020-04-19) [2020-04-19]. https：//www.jiemian.com/article/4273650_foxit.html.

[140] 行业方案学习的店. 战略解码与高绩效团队建设 [EB/OL]. (2015-10-23) [2015-10-23]. https：//wenku.baidu.com/view/8a966c1584868762cbaed588.html

[141] 谢宁. 华为DSTE开发战略到执行、BEM业务执行力模型、基于BLM的战略解码介绍 [EB/OL]. (2020-05-06) [2020-05-06]. https://wenku.baidu.com/view/492a9f6aa8ea998fcc22bcd126fff705cd175c6f.html.

[142] 鲍静，范梓腾，贾开. 数字政府治理形态研究：概念辨析与层次框架 [J]. 电子政务，2020 (11)：2-13.

[143] 肖林. 自贸试验区建设与推动政府职能转变 [J]. 科学发展，2017 (1)：59-67.

[144] 赵宇刚. 上海自贸试验区"一级政府管理体制"改革创新 [J]. 科学发展，2017 (9)：66-75.

[145] 张释文，程健. 我国自由贸易港建设的思考 [J]. 中国流通经济，2018，32 (2)：91-97.

[146] 胡方. 国际典型自由贸易港的建设与发展经验梳理——以香港、新加坡、迪拜为例 [J]. 人民论坛·学术前沿，2019 (22)：30-37.

［147］吕嘉帅．论适应自贸区（港）建设的海南政府职能的转变［J］．现代商业，2020（7）：51－52．

［148］田媛．浅析戈尔报告——受奥斯本和盖布勒的重塑政府的影响［J］．商，2016（32）：82－83．

［149］张志泽，王丽．美国重塑政府运动对我国行政改革的启示［J］．学术界，2007（3）：276－282．

［150］蒋敏娟，黄璜．数字政府：概念界说、价值蕴含与治理框架——基于西方国家的文献与经验［J］．当代世界与社会主义，2020（3）：175－182．

［151］马亮．数字政府建设：文献述评与研究展望［J］．党政研究，2021（3）：99－111．

［152］张世璟，张严．数字政府在政府治理现代化中的理论内涵［J］．领导科学论坛，2021（3）：91－95．

［153］冯媛媛，黄其松．大数据驱动的数字政府治理：发展历程与研究议题［J］．贵州大学学报（社会科学版），2020，38（6）：44－53．

［154］乌鸦校尉．美国为什么成了"黑客打卡聚集地"？［EB/OL］．百度百家号，（2021－05－17）［2021－05－17］．https：//baijiahao．baidu．com/s？id=1699984778235707970&wfr=spider&for=pc．

［155］林梦瑶，李重照，黄璜．英国数字政府：战略、工具与治理结构［J］．电子政务，2019（8）：91－102．

［156］潘志安，陶明，邬丹华．国外数字政府建设经验及对我国的启示与建议［J］．科技广场，2019（3）：35－41．

［157］北京大学课题组．平台驱动的数字政府：能力、转型与现代化［J］．电子政务，2020（7）：2－30．

［158］王少泉．新时代"数字政府"改革的机理及趋向——基于广东的实践［J］．地方治理研究，2020（3）：2－10＋78．

［159］张丽华，曲建升，李延梅．国外环境扫描理论与应用研究综述［J］．图书情报工作，2011，55（18）：49－52．

［160］沈涛，赵树宽，李金津，等．国内外环境扫描研究综述［J］．图书情报工作，2015，59（23）：137－143＋93．

［161］孙红霞，生帆，马鸿佳．环境扫描研究现状评析和未来展望［J］．情报杂志，2016，35（8）：133－138．

［162］周墨，刘辉军，吴春萌，等．湛江市海洋生物医药产业发展的PESTEL模型分析［J］．金融经济，2018（2）：89－92．

［163］潘教峰．智库DIIS理论方法［C］．中国优选法统筹法与经济数学研究会、南京信息工程大学、中国科学院科技战略咨询研究院、《中国管理科学》编辑部．第十九届中国管理科学学术年会论文集．中国优选法统筹法与经济数学研究会、南京信息工程大学、中国科学院科技战略咨询研究院、《中国管理科学》编辑部：中国优选法统筹法与经济数学研究会，2017，10－23．

［164］潘教峰，杨国梁，刘慧晖．多规模智库问题DIIS理论方法［J］．中国科学院院刊，2019，34（7）：785－796．

［165］潘教峰，杨国梁，刘慧晖．智库DIIS三维理论模型［J］．中国科学院院刊，2018，33（12）：1366－1373．

第四章

国家南繁硅谷平台的
现状与问题

第一节　现有特点

《国家南繁硅谷建设规划（2021—2030 年）》涉及的大部分重点项目基本上属于科技平台类或产业平台类。国家南繁硅谷平台是指基于位于琼南的国家南繁基地、位于崖州湾的南繁科技城和全球动植物种质资源引进与中转基地以及南繁生物育种专区，通过制度性安排与创新、接口标准化、资源聚集与配置、集成管理与服务等，面向全球的种业和生物技术产业，吸引和帮助各类异质性创新创业主体，尤其是帮助所引进与培育的产学研中金等机构与外界结成稳固紧密的、广泛联系的开放式创新与创业网络。

一、具有跨省际战略属性

南繁具备超强的渗透性，涉及 30 个[①]省、自治区、直辖市以及新疆生产建设兵团、中国科学院与部属高校，是典型的跨区域、跨部门、跨层次、跨单位的战略活动。2019—2020 年，来自全国的南繁机构登记数量 688 家（实际超过 800 家，近 15% 的机构不登记），其中科研单位 218 家、高校 18 家、企业 452 家；南繁科技人员数量 12 383 人；南繁科研育种组合材料登记数量近 400 万份，加速了种质资源的交换与合作。这种跨省际的科研活动，背后是多生态特性的育种科研，为我国创造丰富的种质资源提供了便捷而高效的路径。同时，水产南繁基地基本建成，中国海洋大学、中国科学院、中国水产科学院、中山大学、海南热带海洋学院等 10 多家高校及科研院所建立了水产南繁基地。

南繁历史传统和现实发展——已从形式上实现了我国种业创新力量在海南的战略性布局。在海南建设国家南繁硅谷平台不同于其他地区建设的涉农平台，它既属于顶层设计和跨区域设计，服务全国，又属于海南特有[②]的创新体系设计，避免了区域创新平台规划建设的趋同性。

二、具有农业特有属性

南繁处于我国农业的上游——种子研发端。农业是我国基础性产业，其战略属性不言而喻。2004 年，中央 1 号文件再次连续聚焦"三农"，将"三农"问题作为全党工作重心。但农业是动植物、微生物等生物的生命力，光、温、水、土等气候地理的自然力和科技、市场、劳动、政策的社会力的"三力"相组合、相作用的复杂系统，且有很强的季节性，造成农业自身存在一些诸如造血能力弱、市场应变能力差、获得感不

---

① 仅我国西藏、港澳台地区暂没到海南进行南繁，而以往统计中不含海南，不符合南繁实际。
② 行业共识：南繁区域特指琼南地区，南繁活动是在海南进行了特有活动。

足等系统性问题。南繁的农业属性也决定了南繁的另一个重大使命是协助打造热带高效农业王牌。

与农业一样，南繁不仅要靠人，还要望天看地，具有与农业相似的弱质性，相较于其他产业，种业市场振荡更为频繁、风险可控性较差、成就感与获得感弱。而且南繁小、散、弱的局面暂时无法快速扭转。尤其是我国种业行业目前仍旧缺乏创新动机与创新能力，龙头企业引导力和整合力有限。因此，作为服务于种业的国家南繁硅谷平台，其运行效率将有可能低于其他行业。

三、具有科技服务业属性

南繁的核心是南繁育种科研并涉及生物技术，科研属于高新技术，属科技服务业，表明了南繁科技服务是南繁的核心内容。目前已存在农作物南繁、水产南繁、药材南繁、烟草南繁、林木南繁和花卉南繁，以模式动物和畜禽为核心的畜禽南繁也在规划建设之中，涉及国家粮食安全、蛋白质安全和营养安全，有条件在生物技术和 AI 育种的支撑下建立起跨学科、跨专业的南繁服务平台。在万亿规模的生物技术产业[①]背景下，从南繁服务领域切入的生物技术产业有望成为南繁硅谷产业的支柱。

科技服务业发达与否首先是要基于服务对象的规模与实力强大与否。但我国种业极其分散，种业产业链弱关联，种业产业集群"集"而不"群"或者有"集"无"群"，从而导致服务于种业的科技中介和公共技术供应机构缺少生存的土壤，这可能是华大基因于2019 年剥离农业板块的原因之一。为提高平台的管理效能，减少成本，国家南繁硅谷平台初始阶段需要统筹进行集中规划建设与管理服务。

四、具有海纳百川开放属性

国家全面支持海南自贸港建设，要求海南对标全球最高水平开放形态，赋予了海南更大更开放的制度创新使命，让海南更具开放性、包容性和利他性。海南海纳百川的开放度确保了海南更易整合全国种业领域的科技资源，更好地发挥新型举国体制的优势。而且在海南建设国家南繁硅谷平台，是一次全新的创新资源布局，没有历史包袱，没有自身利益制约，只有新的征程，容易聚焦共同的目标，可以避免创新资源分散于不同主体，通过集中规划布局将全部优势资源锁定在三亚崖州湾科技城内部。

同时，三亚崖州湾科技城为吸引国内外科技力量提供了软件、硬件条件，为种业领域国际组织落户和共建新型国际组织提供了制度创新的平台。农以种为先，在"一带一路"倡议下，海南开展种业和生物技术国际合作，建立种业开放先行区，成为共建利益共同体和命运共同体的最佳方案，加速我国融入全球种业创新链和产业链，为我国种业发展提供经验、树立标杆、打造亮点。

---

① 生物技术产业是发达国家和我国优先发展的战略性产业，其中生物农业是生物技术产业的重要组成部分。

五、具有准公共物品[①]属性

南繁是服务全国的涉农公共服务平台。2012 年，中央 1 号文件强调"农业科技是加快现代农业建设的决定力量，具有显著的公共性、基础性、社会性"，表明涉农平台具有公益性，明显具备公共物品属性，外部性较强。作为公共物品，企业无法独占公共成果，导致企业在相关方面投入或研发缺乏动机或积极性，从而存在市场失灵现象。

国家南繁硅谷平台具有准公共物品属性。一方面，作为准公共物品，企业缺乏独立建设的能力与动力；另一方面，作为准公共物品，为平台的高效、透明的管理带来不确定性，既可能会存在"公地悲剧"，也可能存在"反公地悲剧"。国家南繁硅谷平台的创建与运营一定要避免非理性、随意性，避免投资与运营浪费，避免运营效率低下，避免恶意"搭便车"者；尤其要避免在昂贵设备设施上的重复投资、盲目投资，要聚力建设大科学装置，加速生物育种产业与相近产业向南繁科技城聚集。

---

① 诺贝尔经济学奖获得者保罗·萨缪尔森（Paul Samuelson）在其 1954 年发表的《公共支出的纯理论》指出，公共产品具有消费的非排他性和非竞争性。准公共产品是从公共产品中发展而来，因为现实的社会经济活动中，大多数产品或服务难以同时满足非排他性和非竞争性。诺贝尔经济学奖获得者詹姆斯·布坎南（James Buchanan）将具备有限的非竞争性和局部的排他性的产品或服务称为准公共产品。

第二节 产生背景

一、国家南繁硅谷建设的需要

南繁是我国特有的异地穿梭育种方式，也是我国种业创新与推广的源头与缩影，在种质资源利用与创制、品种选育与培优、协同与开放创新等领域具有不可替代的综合价值，种业要打赢翻身仗更加离不开南繁。2013 年 4 月与 2018 年 4 月，习总书记视察海南时，两次提出南繁是国家宝贵的农业科研平台，一定要建成集科研、生产、销售、科技交流、成果转化为一体的服务全国的"南繁硅谷。"习总书记首先高度肯定了南繁是国家的科研平台，并对南繁建设提出了更高的要求，即一定要建成"南繁硅谷"。

2020 年 10 月 29 日，中国共产党第十九届中央委员会第五次全体会议通过的《中共中央关于制定国民经济和社会发展第十四个五年规划和二〇三五年远景目标的建议》"强化国家战略科技力量"中将"生物育种"列为前沿领域之六。2020 年 12 月，召开的中央经济工作会议和中央农村工作会议引起了种业领域强烈反响，种业和南繁再次成为行业关注的焦点，为海南深度建设南繁科技城提供了新机遇。2021 年的中央 1 号文件首次明确"加快建设南繁硅谷"。国家提出要实施理论、科技、文化、管理等全面创新，强调要营造有利于创新创业创造的良好发展环境。国家南繁硅谷平台的建设运营就是要对标科技、管理、文化方面的全面创新，创造种业和生物技术领域的创新创业平台生态环境。《国家南繁硅谷建设规划（2021—2030 年）》涉及的大部分重点项目基本上属于科技平台类，表明构建国家南繁硅谷平台是顺应时代的。

二、海南加速南繁"五化"的需要

为深入贯彻落实习近平总书记关于打造"南繁硅谷"的嘱托，海南省扛起新担当，加速《国家南繁科研育种基地（海南）建设规划（2015—2025 年）》落地和全力建设占地 6 000 余亩*的南繁科技城。海南省将南繁产业作为"陆海空"三大未来产业之一。2018 年 1 月，时任海南省省长的沈晓明同志在省政府专题会议上基于国家南繁基地建设，详细且明确地提出了以"产业化①、市场化②、专业化③、集约化④、国际化⑤"为总目标来培育

---

* 亩为非法定计量单位，1 亩＝1/15 公顷。余后同。——编者注
① 产业化即创新商业模式，引进和培育市场主体，延长产业链，发展南繁产业。
② 市场化即转变政府角色，培育社会化服务主体，推动市场在南繁资源配置中起决定作用。
③ 专业化即引进全世界种业巨头参与南繁工作，培育南繁专业科研主体。
④ 集约化即推动土地集约使用、设备设施共享、科技服务集中化和市场化。
⑤ 国际化即吸引国际企业进驻，开展南繁科技国际合作，发展种业国际贸易。

南繁产业，建设"一室①八中心②"和国家实验室，其中"一室八中心"和国家实验室基本上是科技平台类或服务平台类等功能性平台项目。在南繁"五化"目标的刺激下，海南持证（种子经营许可证）经营的种子公司已超过 60 家，数量较 2018 年翻了一番，海南种业种苗公司基本为小微企业，需要平台支持。

创新创业平台是科技创新制度性安排，是打造科技城（园）的必要条件。建立南繁科技城的核心目标就是聚集人才资源、科技资源、产业资源，打造相关的产业链和产业集群。国家南繁硅谷平台是南繁科技城的一个高效的资源载体，可实现对资源的整合、聚集和优化配置。南繁科技城是海南种业和生物技术等未来产业创新创业创造的聚集区，重在创新载体与创业主体的双培育。目前崖州湾一城③一基地④规划建设的项目，如：中国科学院种子创新院（海南省崖州湾种子实验室的主要载体）、中国农业科学院、中国水产科学院、中国热带农业科学院、中国海洋大学、中国农业大学、海南大学、海南热带海洋学院、国家耐盐碱水稻技术创新中心、国家（三亚）隔检中心等机构所建项目均为公益性科研平台项目，这些项目将为南繁"五化"提供坚实的科教支撑。南繁科技城运行效果除与制度创新有关外，相关平台创新与运营效果也将直接关系到将南繁科技城打造成南繁硅谷的效果和影响力，甚至关系到南繁硅谷建设的成败。

三、基于种业科技自立自强的需要

中国共产党第十九届中央委员会第五次全体会议提出把科技自立自强作为国家发展的战略支撑。习近平总书记于 2019 年 3 月在第十三届全国人民代表大会第二次会议期间，强调"营造有利于创新创业创造的良好发展环境"。2020 年年底的中央经济工作会议和中央农村工作会议引起了种业领域强烈反响，种业和南繁再次成为行业关注的焦点。2021年的中央 1 号文件《中共中央、国务院关于全面推进乡村振兴加快农业农村现代化的意见》直接提出要加快建设南繁硅谷。打造南繁硅谷将是实现中国种业的强国梦的伟大实践。

农业科技自立自强呼唤新一轮的南繁大联合、大协作和大攻关，加严种业领域原始创新保护的呼声达到新高度，要在产学研合作中避免"搭便车"的投机行为，平衡好科技创新溢出与创新外部性的内在化。实现科研创新不是科研单位独门秘籍，要基于知识产权保护，重点引导中小微企业由模仿到自主创新，提供创新创意创造通道。刺激成果获取渠道合法化、知识产权有偿使用渠道更便捷和资金门槛降低。

创新资源供给水平与需求强度是影响公共科技服务平台布局的关键因子[1]。国家南繁

① 一室即南繁主题的国家实验室。
② 八中心即关键技术中心、知识产权和信息服务中心、国际学术交流和培训中心、总部基地、国家种子进出口检验检疫中心、国家南繁博物馆、数据中心和国际种子交易中心。
③ 一城即南繁科技城。
④ 一基地即全球动植物种质资源引进中转基地。

硅谷平台就是要为南繁机构提供良好的资源环境，为国家种业和生物技术领域科技自立自强创造研发条件，符合国家在相关重点领域优化布局的以国家实验室统领下的科技创新体系。打造互联融通的国家南繁硅谷平台就是基于种业领域科技自立自强，并基于南繁加速种业和生物技术领域创新创业，不仅实现资源最大化利用，解决平台分散引起的资源浪费以及难以聚力攻关等问题，还要帮助实现相关领域的资源有效配置，实现创新生态与产业生态形成闭环。

四、官产学研中金协同合作的需要

2013 年，习近平总书记在中共中央政治局第九次集体学习上，指出要坚持科技面向经济社会发展的导向，围绕产业链部署创新链，围绕创新链完善资金链，消除科技创新中的"孤岛现象"，破除制约科技成果转移扩散的障碍，提升国家创新体系整体效能。2020 年10 月 29 日，中国共产党第十九届中央委员会第五次会议通过的《中共中央关于制定国民经济和社会发展第十四个五年规划和二〇三五年远景目标的建议》将推进产学研深度融合作为创新驱动发展的内容。

消除"孤岛现象"，官产学研中金协同合作是重要途径之一。政府（官）要营造良好的营商环境，实施制度创新，提供政策支持甚至资金引导；企业（产）是创新创造的主要载体，将科研院校的成果熟化推广；高等院校（学）是知识创造和智力供给的载体，为产业发展提供人才支撑；科研机构（研）是基础研究和应用基础研究的主阵地，并与高等院校共同组成探索未来的主体，为产业发展提供源源创新动力；财务、法务、猎头、公证、代理、咨询、经纪等中介服务组织（中）是产学研合作的润滑剂，加速信息的流通与适配，推动合作，建立信任，促进产学研合作；金融机构（金）是发挥产学研乘数效应，加速形成产业的资金支撑。通过官产学研中金的优势互补，增强协同创新能力。

官产学研中金协同合作的关键之一就是重视和尊重知识产权。2020 年 11 月 30 日，习近平在中共中央政治局第二十五次集体学习时强调"知识产权保护工作关系国家治理体系和治理能力现代化，关系高质量发展，关系人民生活幸福，关系国家对外开放大局，关系国家安全。……全面加强知识产权保护工作，促进建设现代化经济体系，激发全社会创新活力，推动构建新发展格局"。2020 年 12 月 26 日，第十三届全国人民代表大会常务委员会在第二十四次会议上表决通过了《关于设立海南自由贸易港知识产权法院的决定》。

深圳特区建设之初同样缺乏科技资源，但深圳通过引入和共建创新技术平台（如深圳清华大学研究院、中国科学院深圳先进技术研究院、深圳华大基因研究院），不仅迅速改善了科技资源匮乏的状况，完善了深圳产业配套环境，还降低了创新创业成本和提升了企业持续创新的能力[2]。在制度集成创新方面，海南要学深圳和上海，但在培育产业和行政作为方面可能更要向安徽合肥市看齐。2001 年，合肥市的 GDP 为 363.40 亿元，而海南的省会——海口市的 GDP 为 144.62 亿元，而且两者均有兼并周边城市的行为[①]。2020 年，合肥市 GDP 为 10 045.72 亿元，而海口市的仅为 1 791.60 亿元，两者 GDP 差距由 2.51 倍扩大到 5.61 倍。2001 年的合肥市 GDP 和 2021 年的三亚 GDP 一样，基点都不高。

国家南繁硅谷平台作为涉农平台，具备显著的公益性和基础性，政府投入与扶持必将持续较长的时间。单一的政府投入不符合平台运作与发展的规律，需要市场介入资源配置。国家南繁硅谷平台的创建与运营就是要充分创新创造官产学研中金多方融合的体制机制，也要争取张海银基金等落户，甚至联合其他名人设立类似基金，以鼓励民间创新创业。

五、桥接传统育种与现代育种的需要

"育种 4.0"成为了 2021 年的热点。万建民院士[3]提出种业发展的 4 个阶段，即驯化选择 1.0 时代、常规育种 2.0 时代、分子标记辅助选择育种 3.0 时代和智能化育种 4.0 时代，其中智能化育种 4.0 时代涉及生物技术＋人工智能＋大数据信息技术，但目前我国仍处于育种 2.0 时代至 3.0 时代。美国科学院院士、玉米遗传育种学家爱德华德·巴克勒 (Edwards Buckler) 指出育种 4.0 时代依赖于基因组技术、大数据技术和人工智能技术的紧密结合，核心目标是建立作物基因组智能设计育种的跨学科、多交叉技术体系[4]。孟山都、杜邦先锋等跨国公司的育种工作就是育种 4.0 的代表，其育种科研采取大规模、程序化、数据化的流水线式商业育种。

目前传统育种与生物技术、AI、大数据等现代育种技术融合不足，需要建立桥梁打通传统育种与现代育种的连接，加速育种领域融通各类组学、基因编辑、生物信息学、AI 等多个学科，通过高科技集成升级我国育种科研活动，破解种业领域"卡脖子"问题。支持大型种业企业联合科研院校，在科研优势、人才优势和市场优势上进行协同与集成，参照大型国际种业公司，建立起模块化育种科研构架，集成由四大模块构建的现代育种体系，包括由育种站、加代试验、分子标记、分子育种、单倍体、测试试验等组成的育种技术模块，由种质资源创制（如诱变育种）、基因挖掘、基因型与表型鉴定、转基因等组成的生物技术模块，由数据采集、生物信息、人工智能、知识产权保护等组成的综合技术支撑模块以及由组合配制、组合测试等组成的成果熟化模块[5]。

---

① 2002 年 10 月 16 日，国务院批准海口、琼山两市合并成立新海口市；2011 年 8 月 22 日，安徽省宣布撤销巢湖地级市，巢湖市一分为三，其中新设立了县级市巢湖市并入合肥市。

第三节 创新创业平台的基本现状

一、科技创新功能现状

科技创新功能成为国家南繁硅谷平台最先发挥作用的功能。依照南繁科技城规划建设，这一功能仍然处于建设之中。就建设体量和已有团队基础，能快速支撑这一功能的机构主要有：一是中国科学院种子创新研究院，该院已于 2019 年 10 月开工建设，2021 年 5 月，在该院的基础上联合多方力量组建海南省崖州湾种子实验室；二是三亚市南繁科学技术研究院[①]，该院负责的"三亚南繁种业科技众创中心项目"于 2021 年下旬实现竣工验收并启用；三是海南省南繁生物实验室，已于 2020 年 3 月启动项目建设；四是中国农业科学院的"国家作物表型与基因型鉴定设施（海南）项目"，已完成设计招标工作，并且该院获中央机构编制委员会办公室支持，在三亚设立南繁育种研究中心；五是南繁生物育种专区，已基本完成一期建设，二期建设中 1.5 亿国家拨款经费于 2020 年 10 月下达；六是三亚崖州湾科技城，已于 2020 年启动了硕士教育，仅中国海洋大学招生规模就近 200 人。

同时，中国热带农业科学院、中国水产科学院、国家耐盐碱水稻技术创新中心、上海市基因中心、浙江大学、中国农业大学、南京农业大学、中国海洋大学、海南大学、海南热带海洋学院、海南省农业科学院等科研院校已签订入园协议，建立了相应的机构和配备了相关团队。目前，已建成南繁相关农业领域院士创新平台 42 个、博士后工作站 10 个，10 余个团队入选首批海南省"双百"人才团队。但目前仍然处于筹建期，基本是各自零散建设与运作，难以统筹，因此，国家南繁硅谷平台的知识分享功能、要素汇集功能、资源整合功能、协同创新功能均无法进行评估。

二、产业孵化功能现状

产业孵化或催化功能目前是南繁科技城优先启动的功能，有专门的部门进行招商引资，由专业化企业——中化集团的下属企业中国金茂进行推进，目前暂时能支撑其发力的主要依托是"产城融合"，未来以"地"养"产"的模式尚不清晰。因此，基于创业服务的内生动力尚未形成。

在政企协同之下，已引入先正达（中国）、袁隆平农业高科技股份有限公司、甘肃省

---

① 三亚市南繁科学技术研究院、海南大学热带农林学院整体融合为海南大学（三亚）南繁研究院，新机构将成为南繁科技城建设的关键力量之一。其中海南大学热带农林学院由原海南大学农学院、园艺园林学院、环境与植物保护学院和应用科学学院（儋州校区）等学院组建而成的过渡性或协调性机构，目前已分拆为热带作物学院、热带林学院、园艺学院等相对独立的若干学院。

敦煌种业集团股份有限公司、大北农集团等"育繁推一体化"种业企业。基于南繁育种促进了根植于本土的海南海亚南繁种业有限公司、海南广陵高科实业有限公司、海南斯玮迪种业有限公司等的入驻或注册，同时招商局入局崖州湾，有助于带动国家南繁硅谷平台学习吸收产业孵化知识和资源。

三、国际合作功能现状

国家南繁硅谷平台的国际合作功能目前仍处于筹划阶段，但目前岛内的中国热带农业科学院、海南大学、海南热带海洋学院以及中国科学院种子研究院等新型机构均有丰富的国际交往经验。海南在科技领域已与50多个国家、地区和国际组织建立了交流与合作关系，具有一定的国际交流合作基础。而且在博鳌亚洲论坛的支持下，平台国际合作功能有机会取得突破。

目前正加紧规划建设全球动植物种质资源引进与中转基地，探索 DUS 等测试结果互认机制和育种材料惠益分享机制。2015年7月28日，国际马铃薯中心亚太中心在北京市延庆县揭牌成立[①]，该机构落户是我国引入国际性机构的一次制度突破，国际农业研究磋商组织（CGIAR）[②] 下设的15个中心或研究所均为基本带有外交特权的独立性国际性组织。在自由贸易港建设背景下，国家南繁硅谷平台的国际合作与交流功能更有条件实现，更有条件与国际农业研究磋商组织等国际权威机构合作，共同构筑国际农业科研体系。

四、技术交易功能现状

就全国而言，种业领域的技术与成果交易平台运行均不理想。国家南繁硅谷平台成果交易功能仍处于筹划启动阶段，如全球动植物种质资源鉴定评价与确权交换中心已纳入2021年建设计划。目前三亚崖州湾科技城已引入了智农361，设立了知识产权公共服务平台。2021年5月，在国家知识产权局的支持下，成立了事业单位性质的三亚市知识产权保护中心。

同时，在海南自由贸易港建设的大战略背景下，打造种业知识产权特区成为了既定目标。海南自由贸易港已设立国际热带农产品交易中心和国际知识产权交易中心，相关交易政策和税制税率正逐步清晰，国家南繁硅谷平台将在技术交易领域形成特有的竞争力。

五、金融服务功能现状

虽然海南已在南繁制种保险上积累了经验，也设立了南繁基金，但海南并未建立起科技金融生态，投资的高风险性暂时得不到补偿，而且总体上种业相对于其他行业属微利行

---

① 挂牌当日农业部韩长赋部长、北京市林克庆副市长、国际马铃薯研究中心魏蓓娜主任出席仪式。

② 国际农业研究磋商组织于1971年创立，是由国家、国际及区域组织、私人基金会组成的战略联合体，为国际热带农业研究中心（CIAT）、国际热带农业研究所（IITA）、国际水稻研究所（IRRI）、国际玉米小麦改良中心（CIMMYT）、国际家畜研究所（ILRI）、世界渔业中心（World Fish Center）等15个国际农业研究中心的工作提供支持。

业，投资回报率很难达到预期，这些均阻碍了金融资本进入南繁产业。南繁科技城在融资、投资等方面缺乏实战经验，也缺乏丰富的投资资源，尤其是风险投资的资源。

国家南繁硅谷平台金融服务功能不仅需要在服务及产品设计上进行创新，更需要引入创业投资与相关基金资源。

六、管理服务功能现状

目前还没有建立统一的机构以统筹国家南繁硅谷平台的管理和服务，现有的垦地合作模式也不利于科技城统筹资源建设南繁硅谷，相关工作和机制尚没有促使国家南繁硅谷平台展现协调力、吸引力、聚合力、黏合力，南繁硅谷云等相关的信息化、数字化工作也仍然处于规划建设之中。虽已取得初步成果，但平台作用的发挥仍需要时间去积累、反馈、推荐、评估与考验，更需要功能进一步完善。

第四节　创新创业平台面临的困境

一、定位困境

首先，国家南繁硅谷平台建设主体和运营主体定位不够清晰，可以预见，国家南繁硅谷平台自身的收支将有巨大不平衡，这种不平衡性将反过来影响创新创业平台的功能定位以及运营定位。

其次，南繁科技城本身的创建与运营不足够明确，组织倾向于传统的行政化体系，集成管理支撑不足，平台化管理等现代管理手段应用不足，存量资源多头分布，可能会导致资源不聚焦。

最后，国内种业和生物技术的园区较多，更多的省份正依据国家种业战略打造相应的种业创新创业平台，而且均具备政策推动的背景。若国家南繁硅谷平台差异化的定位不够清晰，海南作为弱势创新地区可能会影响政府主导下的政策推动效果。

二、人才困境

国家南繁硅谷平台最大的困境将是人才的困境，南繁科技城尚缺乏"双一流"大学的支撑。海南现有人才储备，尤其是本土杰出人才（按 2020 年海南省高层次人才标准估算）稀缺，人才规模位于全国末位，被认为不足以支撑南繁硅谷建设。一线、二线大城市不仅使人们工作学习生活更便利、更高效，还提供"金标"版的教科文卫设施，在资源聚集的环境下更是孕育着更多的机会，促使人口、人才向大城市进一步聚集。

三亚对岛内就业人口有一定的吸引力，但对岛外就业人口吸引力仍然不足。不仅如此，涉农本身就缺乏一定吸引力，以海南某大学涉农毕业生就业为例，毕业后仍然从事农业的毕业生比例不足 15％；而且就算从事涉农行业后，因接触面窄，社会网络单薄，也有可能转行从事其他行业。

三、建设困境

三亚崖州湾科技城部分项目如"三亚南繁种业科技众创中心"等采取"交钥匙工程"，这给地方财政带来巨大的压力。"交钥匙工程"无法持续地推动国家南繁硅谷平台的建设与发展。而且种业属于低税行业（种子企业免征增值税、企业所得税等），产业税收难以保证地方政府支撑平台创建和运营。

作为服务全国的科研及服务平台，国家南繁硅谷平台需要创新机制、加大力度争取国家资金以及兄弟省份的支持。现有管理模式下，争取外力支撑同样是一件难以实现的事，这需要进行创新，以多赢的机制来推动资源汇集。

四、整合困境

一是种业领域各自为战的局面难以扭转。我国农业科技建制是最庞杂、最齐全的，相关利益者众多，众口难调。以种业交易平台为例，国内已建设了国家种业科技成果产权交易中心及交易平台（www. agrittex. com）、阿哥汇-种子（c2c. agehui. cn）、中国种子网（www. seedinfo. cn）、智农361-种子种苗展示交易平台（pvp. ipa361. com）、国家（杨凌）旱区植物品种权交易中心等一批种业交易平台，但鲜有响应，均缺少了市场的烟火味。

二是种业领域缺乏关键的整合力量。国内并未有一支有决定性的战略力量以整合国内涉及种业的科技资源，增加了博弈不确定性，加大了国家南繁硅谷平台资源整合聚集以及资源要素分配的难度。

三是种业领域的合作机制仍然处于探索阶段。首先，种业领域的平台普遍缺乏创新黏合剂，难以让用户主动聚集于平台。其次，我国种业在交易领域的法律法规不完善，导致种业平台难以笼络创新资源和网聚用户。最后，在情怀与责任之外，是什么主导资源的整合与聚集？

五、运营困境

1. 造血困境　涉农平台普遍缺少造血功能，经费渠道少且口径小。农业成果最终应用于农业，而农产品作为基本消费品，其价格受到严格管控以平抑物价。既要平抑物价，又要保护农民利益，农业投入品包括种子等的价格就不能太高，因此，农业科研具有天然的公益性，这也是涉农科研院所定位为公益一类或二类事业机构的主要原因。虽然海南高度重视科技投入，但海南是财政收入小省，不论是政府还是民间，其研发经费投入很难匹配南繁硅谷的全社会研究与试验发展经费的投入需求，即国家南繁硅谷平台受到区域发展现状的约束。

2. 闲置困境　一方面，农业具有季节性，科研设施设备使用率不高甚至闲置现象"与生俱来"；另一方面，我国涉农科技机构延伸到县级，每个科研机构都是麻雀虽小五脏俱全，难以避免科研设施设备的闲置，甚至出现设备购回后多年不拆封的现象。

3. 国际化困境　种子种苗是非常特殊的商品，有严格的检疫制度和严厉的进出口政策，存在绿色贸易壁垒（Green Trade Barriers）。欧洲国家对引种管理较为严格，甚至在幼儿教育①中进行引导，可见普及之深。涉及种质资源则更复杂，这是因为国家对种质资源享有主权。

我国农业国际化水平总体不高。2018年，我国仅有674家境内机构对外投资，在境外设立了888家机构[6]。投资强度不高（图4-1），而且具有科技研发业务的企业仅占1.2%[7]。

---

① 德国出品的动画片《新巴巴爸爸（由法国漫画改编）》专门有一集讲述外来物种。

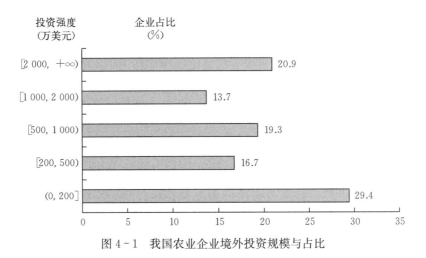

图 4-1　我国农业企业境外投资规模与占比

六、共享困境

现有的资源共享激励不足，创新资源的所有权与经营权分离或不分离，均可能存在垄断或部分垄断问题，甚至可能会出现各自为政、尾大不掉的现象。一方面，资源实际占有者，如设施设备的占有者，承担着管理、维护、维修、安全等职责，而且我国现行预算或项目管理机制中缺乏设备设施维修费用，共享带来的收益与造成的损耗或给人员带来的额外工作能否持平，这种创新资源能否获得等额甚至超额回报是现实中必须面临的问题。另一方面，创新主体基于维护自身的创新优势、资源优势，会设法确保对所占有的创新资源尤其是隐性知识的垄断[8]。创新主体基于避免技术流失风险，也会尽量减少资源分享和创新共享共创。平台参与主体的这一行为会造成恶性循环，不利于创新资源的共享。准公共产品的激励政策，一般以财政补贴为主，海南现有的财政实力暂不足以支撑数十亿级南繁硅谷科技创新平台的激励。

七、机制困境

主要表现为协同创新缺乏产权制度和信任机制的支持。种业领域协同创新需要解决不同地域之间、不同机构之间、机构与个人之间积极性的复杂问题。主要表现为人、财、物的产权归属收益难，以及需要防止"搭便车"的技术机密保护。创新的核心是人，以作为基本保障的编制资源为例，暂时做不到跨地域、跨层次、跨部门、跨层次、跨单位的统筹，因此，现有的协同创新仍然是散落式的。财政资金有严格的预算管理系统和硬性规定，暂做不到跨地域、跨层级、跨部门、跨单位的安排，预算资金归集统筹难。品种权与专利是创新核心成果，其保护、转化与利益分配暂无制度创新支持。

八、市场困境

目前，我国持证经营的种业公司约有 7 200 家，但我国种业市场规模不足 1 400 亿，说明我国种业市场高度分散，以小微企业居多。南繁重要的基础之一就是要服务于种业的细分行业，具有利基市场（Niche Market）的特性[①]，存在做大市场规模的难题，但在个性化服务方面有优势。以2020年种业企业经营状况为例，种业上市公司的经营状况总体上不理想。

九、融资困境

种业领域不易融资，缺乏专业融资平台，融资通道少，难获投资人青睐。一是因为种业是"小"产业，难以吸引资本等市场力量介入。在持续的宏观政策利好的环境下，金融和产业资本介入种业兼并重组的积极性也不高，高峰时期的投资与并购总额度也就70亿，其中，投资高峰仅40亿，呈减少的趋势（图4-2）。2019年的股权融资事件仅5起，涉及金额2.43亿[9]。二是植物新品种权达不到发明专利的保护力度，甚至众多动植物品种不受品种权保护，因此，在种业创新领域容易"搭便车"，导致新品种权资产化存在困难。

图4-2　种业投资事件与并购事件金额

十、效仿困境

在区域创新系统中普遍存在"知识悖论（Knowledge Paradox）"，即知识生产与知识使用之间的矛盾。由于历史、路径依赖、制度性等原因，导致效仿不一定成功或取得高科技经济成效，即创新创业平台是区域创新能力提升的必要条件，但非充分条件[10]。比如日本筑波科技城、英国剑桥工业园区、北京中关村、深圳虚拟大学园等均取得了较好的效果，但很多欧洲国家和地区对科学研究的大量投资并没有成功地促进社会经济发展。

---

① 一是产品或服务市场狭小且差异较大，但地域市场宽广；二是有持续的发展潜力；三是目前尚无统领企业；四是暂无行业领导者全心投入。

参考文献

[1] 刘烨，肖广岭，等．省际区域公共科技服务平台布局初探［J］．科学学研究，2016，34（5）：690－696．

[2] 冯冠平，王德保．创新技术平台对深圳科技经济发展的作用［J］．中国软科学，2005（7）：15－19＋24．

[3] 于文静．如何实现我国种业向4.0时代跨越？［N］．团结报，2021-02-02（04）．

[4] 王向峰，才卓．中国种业科技创新的智能时代——"玉米育种4.0"［J］．玉米科学，2019，27（1）：1-9．

[5] 董占山，卢洪，柴宇超，等．中国特色的玉米商业育种体系构建［J］．玉米科学，2015，23（1）：1-9．

[6] 农业农村部国际合作司，农业农村部对外经济合作中心．中国农业对外投资合作分析报告［M］．北京：中国农业出版社，2020．

[7] 夏嘉琦．企业异质视角下中国农业企业国际化程度的影响因素研究［D］．南昌：江西财经大学，2020．

[8] 蔺涛．高技术产业创新服务平台运行机制研究［D］．哈尔滨：哈尔滨理工大学，2015．

[9] 农业农村部种业管理司，全国农业技术推广服务中心，农业农村部科技发展中心．2020年中国农作物种业发展报告［M］．北京：中国农业科学技术出版社，2020．

[10] 邹晓东，王凯．区域创新生态系统情境下的产学知识协同创新：现实问题、理论背景与研究议题［J］．浙江大学学报（人文社会科学版），2016，46（6）：5-18．

第五章
国家南繁硅谷平台构建策略

第一节　平台的总体设计原则

一、基于价值网进行设计

1. 以用户价值为核心[1]　国家南繁硅谷平台要以用户为核心，以用户需求触发服务过程，建立起动态、多向的反馈机制，组织者根据用户需求不断调整资源配置，尤其是注重技术引领、创新引领，各主体根据用户需求提供服务，在激烈的市场竞争中快速响应市场需求，增强用户对平台的黏性。国家南繁硅谷平台以用户为核心的策略就是要建立起科技创新与产业需求之间便捷通畅的对接与连接，发挥高效桥接作用，促进企业以创新为导向发展。

2. 以竞合关系为纽带[1]　国家南繁硅谷平台强调节点主体间核心能力互补、依赖共生的竞合关系。国家南繁硅谷平台价值网是跨行业、跨区域、跨学科、跨部门、跨单位多方共建的网状结构，不仅要实现技术转移，更要以开放式创新的理念实现价值共创和知识交换。国家南繁硅谷平台要进行组织协作的制度性安排，增强纵向和横向合作、协同创新，各主体间既有合作又有竞争，合作是为了把"蛋糕"做大，做增量市场，竞争是为了分配更多"蛋糕"。

3. 以价值增值为目标[1]　国家南繁硅谷平台发展的关键之一是要实现平台承建或运营单位的学术积累，又要帮助被服务方提高创新能力，实现双方的价值增值，实现国家南繁硅谷平台的乘数效应（Multiplier Effect）①。国家南繁硅谷平台要为南繁产业创新创业创造提供基础支撑，提高南繁硅谷内企业创新效率与能力，帮助节点单位实现价值创造、价值增值。

4. 以敏捷响应为保障[1]　基于数字革命和大数据平台，建立更加开放、灵敏的触发机制，动态灵活、快速即时、高效响应市场需求，适应市场更加差异化的需求和个性化的需要，确保创新创意创造活动的高效性。

5. 以利益连接为关键　明确合作动机，建立激励、风险共担、利益共享的有合力的利益共同体机制，实现持续稳定的合作，激活盘盈存量资源，高效调控增量资源，实现资源配置与利益分配的双优化。国家南繁硅谷平台不仅要在知识产权领域建立合理的利益分配，还要在种质资源交换与利用等方面建立起利益分享机制。建立技术关联、产业关联、知识关联和学科关联，构建互信互利、风险共担的创新商业环境，鼓励或联合育种家共同创新创业。

---

①　乘数效应是指通过产业关联和区域关联对周围地区发生示范、组织、带动作用，不断强化、放大、扩大影响的一种经济效应。

二、基于信任机制进行设计

信任是有效合作的大前提，信任是高效合作的润滑剂、黏合剂。只有建立互信机制，国家南繁硅谷平台所确立的共享共创共赢的共同愿景，想要营造的共同奋斗目标、核心价值观和锐意创新的氛围才能有机会达成。国家南繁硅谷平台信任机制建立的最大障碍是亲本必须按商业机密的形式进行严密保护，育种家不会将亲本交于他人进行改造，核心亲本的流失意味着核心优势的流失。我国现有的知识产权保护机制乃至 UPOV1991 版的保护机制也很难实现对亲本严格保护，一旦侵权人将"拿"到的亲本仅作为中间育种材料，将造成非常隐秘的低成本侵权。

信任机制是南繁硅谷创新创业生成平台生态圈、打造商业共同体的制度基础之一，在互信的基础上才能确保技术、资金、人才、数据等创新资源的易得性。国家南繁硅谷平台要构建符合种业和生物技术行业特点的责、权、利以及利益与风险共享共担的关系，并参照合同研究组织 CRO（Contract Research Organization）[①] 模式构建道德风险评估与控制体系，打造更加牢固的利益联结机制。加强知识产权、商业机密、商业数据、隐私数据等保护，参考《名古屋议定书》[②] 建立遗传资源及其相关传统知识获取与惠益分享（Access to Genetic Resources and the Fair and Equitable Sharing of Benefits Arising from their Utilization，ABS）体系，支持竞业限制或竞业禁止，降低道德风险，增强违规违法风险，促进形成相互信任的文化氛围，让信任生根发芽。

三、基于自成长进行设计

平台要实现科学可持续的发展，首先要面向产业需求，实现自我"造血"自成长，而外部"补血"为辅助，要明晰产权结构、产权边界和产权管理模式，确保平台发展的可持续性。平台运行的关键之一就是要有稳定而足够的资金获取能力或者有成熟而持续的创收能力，即平台必须有资金的持续投入，要么争取第三方资助，要么实现盈利或赢利，或者两者兼得。

国家南繁硅谷平台具备公共品的属性。2012 年，中央 1 号文件强调"农业科技是加快现代农业建设的决定力量，具有显著的公共性、基础性、社会性"，首次明确了农业科研机构的公益性定位。这种天生的公益性，决定了农业科研平台建设与运转费用对政府依赖严重。国家南繁硅谷平台自成长机制的设计显得更加重要，国家南繁硅谷平台要以政府

---

① CRO 模式来源于美国和欧洲的医药研发外包模式。

② 《生物多样性公约关于获取遗传资源以及和公正和公平分享其利用所产生惠益的名古屋议定书》（The Nagoya Protocol on Access to Genetic Resources and the Fair and EquitableSharing of Benefits Arising from their Utilization to the CBD）简称《名古屋议定书》。注：生物多样性公约（Convention on Biological Diversity，CBD）。

引导①＋多元化主体②＋多方参与③的官产学研中金相结合的模式进行创设与运营，兼顾好公共品的公益性以及商业育种条件下的营利性，增强国家南繁硅谷平台功能的开放性、可扩展性、实用性以及特色性，尤其要避免陷入可"建"而不可"营"的陷阱。

四、基于知识产品进行设计

知识产品是创造性智力劳动成果，是以一定形式表现出来的自然科学与社会科学的成就，是知识性与产品性的统一，是知识产权的客体[2-3]。知识产品具有高固定成本与低边际成本、非排他性与专有垄断性、效用的经验性和间接性、物质载体的多样性、寿命周期的不稳定性、报酬的递增性与高附加值性、继承的延续性与累积性等经济特征[3]。南繁科研所涉及的技术、产品明显具有知识产品的经济特征，构建国家南繁硅谷平台需要充分考量知识产品及知识产权并进行相应的设计。尤其促进知识产品的交易，优化信息披露-信息服务、供需匹配-评估服务、交易洽谈-咨询服务、交易实施-交易服务、成果应用-增值服务[4]。

可以参考英国政府《兰伯特工具包（Lambert Toolkit）》④建立种业与生物技术产业协同创新知识产权管理机制，架起科研成果与商业化的桥梁[5]。研究构建基于商业秘密的契约机制，在促进对创新创业创造的保护下，实现创新成果的共享，将平台打造成有格局、有心胸、有抱负的平台。赋予科研人员职务科技成果所有权或长期使用权等，采取备案制的方式支持职务科技成果发明人对其持有的成果实施自主转化。建立科学高效的种质资源收集、登记、保护、使用和追溯的机制，实现应保尽保、以保促用、以用促保。实现基于知识产权的严格保护，促进创新资源在国家南繁硅谷平台聚集。

五、基于事业单位的平台化设计

核心理念是实现平台运营组织的实体化，避免虚拟组织的"四无"（无组织、无产权、无人才、无经费）状态。参照中国科学院深海科学与工程研究所的渐近式创建方法或者中国农业科学院南繁繁种研究中心直设方法，争取中央机构编制委员会办公室通过调编与增编的方式将入驻崖州湾的国家科教机构纳入国家正式编制序列，全力打造南繁硅谷支撑种

---

① 政府引导，即在推进海南全面深化改革开放领导小组的领导下，争取部委局和参与南繁省份的支持，即需要全国的对口支持。

② 多元主体，即由政府（如：三亚崖州湾科技城管理局）直接投资建设和运营的平台、政府与TOP科研院校共建的平台（如：深圳与清华大学、鄂州与华中科技大学、上海与中国科学院）、TOP科研院校主导下的平台（如：入驻三亚的中国科学院种子创新研究院、深圳大学城）、TOP企业主导下的平台（如：华智创的岳麓山种业创新中心、中国种业集团创的中国种子生命科学技术中心）、由多组织共享共建的平台（如：浙江省对标国家实验室打造的之江实验室，由浙江省人民政府、浙江大学、阿里巴巴集团联建）。

③ 多方参与，即大量吸引中小微企业、各类中介、法务财务、金融机构积极介入。

④ 兰伯特工具包是一套较成熟的产学研合作的决策工具和模板协议。截至2021年3月22日，最新版本更新于2019年4月3日，共分16个模块，且提供历史版本。详细见英国政府官网：https://www.gov.uk/guidance/university-and-business-collaboration-agreements-lambert-toolkit

子领域科研创新。破除跨区域、跨部门、跨层次、跨单位的体制性障碍，建立开放灵活的运营机制，吸引人才、技术（知识、知识产权）、资本、信息等创新资源于实体平台。

为了减少财政负担，原则上不新增平台机构，尽量基于已有事业单位的科研资源进行整合，尤其是促进事业单位向（半）公益平台方向转变①。德国弗朗霍夫学会（FHG）是欧洲最成功、最大的面向中小微企业的大型研究机构，拥有 67 个研究所和近 2.3 万科研人员，1/3 经费来源由政府事业经费拨款、1/3 经费来自竞争性政府科研项目、1/3 经费来自企业委托任务[6-7]。加速人才聚集，尽快形成战斗力，重点支持海南热带海洋学院等三亚区域的高校科研单位承担相应的国家南繁硅谷平台的子平台建设，因为是其根植地之一，因而体系完备，可快速投入战斗状态。

六、基于行业组织的治理设计

"小政府大社会"的基础是行业组织等社会组织要充分发挥关键作用。行业组织指源于企业且服务于企业的组织。廖逊教授撰写的调研报告《"小政府大社会"的理论与实践——海南省政治体制和社会体制改革研究》[8]表明海南省有践行"小政府大社会"的经验。

德国是行业协会相关立法最完整的国家，《德国工商会法》《社团法》② 等赋予了行业商会、协会与政府的平等双赢的合作关系，树立了行业组织的权威，其中，公法性质的行业协会强制要求一定区域范围内所有工商企业入会，也承担了如行业资质认证、行业标准制定和实施等部分政府行政管理职能[9]。

七、基于环境建设进行设计

统筹规划，重点加强内部环境建设和外部条件优化，促进创新创业要素数字化、系统集成化、业务协同化，建立并完善物质与信息保障体系，突破传统的地域、部门、行业、学科等限制，创造高效便利的营商环境和创新环境，避免组织固化和资源封闭，保证创新资源的共享与流动。

内部环境建设侧重于营造创新创业创造氛围、宽容的容错机制建设、高效的信息化和智能化建设、人才引进与培养激励机制建设、质量体系建设（标准、规范、认证、认可）、监测评估与绩效激励机制建设、硬件设施设备支撑建设。外部条件优化侧重于打通各类接口包括与国家南繁硅谷平台各子平台的接口、外部数据的接口、外部平台的接口，提供智能辅助育种服务③、优越便捷的金融服务、高效畅通的市场渠道、地道专业的咨询服务、丰富齐全的中介服务，甚至推进立法保障，同时，做好人才十分关心的涉及安居的教科文卫配套设施。

---

① 事业单位平台化建设也有自身变革的需要，种业新政就是要加速事业单位商业化育种力量融入企业，地市级农业科学院所受影响最大。

② 《工商会法》是公法协会的主要法律依据，而《社团法》是私法协会的法律依据。

③ 如 WPS 办公软件、360 安全平台等免费，但服务或专业产品收费。通过辅助育种工具来增强用户对平台的黏性。

第二节　平台的组织结构设计策略

一、组织设计六要素

国家南繁硅谷平台的组织结构要基于种业和生物技术特性以及动机，做好与资源整合、功能结构、运营主体等高度匹配的组织设计。组织结构是有关工作任务分派、编组、协调等的正式分工协作架构[10]。组织结构设计就是围绕组织内沟通、控制、责任、权力等的实现，对组织的组成要素和它们之间连接方式进行设计以实现最合理的管控。组织结构设计要充分考虑专业分工、部门划分、指挥链、集权与分权、控制幅度、正规化6项要素[10]，打破政府行政管理的条条块块。鉴于可持续性运作，进行公益性与商业性结合的双重性的组织设计[11]，即开辟通用性职能①的同时，设置确保创新性企业知识产权利益的专用性职能②的进入路径，并要基于业务深度和广度的需要打造通用性与专用性均适应的职能转换。

1. 专业分工　专业分工是组织结构设计时需要充分考虑的首要问题，是平台组织决策、协调、协同的基础。决策即通过明确平台创新方向、认知与搜索共性技术与关键技术、平台责权利益分配等重大事项。协调则是促使平台日常高效管理和有效控制，保证资源高效整合、协作创新和成果利益分配。

2. 部门划分　部门划分是根据分工，设置相应的纵横向职能部门。平台组织主要设置决策部门和协调部门。其中，决策部门由对平台内外环境具有高度认识性、展望性与开拓性的人员组成，减少股权结构和资本结构对平台决策的影响，一般可以组建理事会、董事会或管委会等法定机构。协调部门则负责平台日常运维，可聘请职业经理人，提高组织效率。

3. 指挥链　指挥链是根据组织职能，制定标准服务接口以便对接内外，打通指挥链，建立科学便捷且连续的工作流程，实现平台内部甚至外部资源的有效整合及高效配置、整合和使用，实现业务流权责分明、激励得当，实现成员间协作通畅，并保证成员能高效执行平台决策。重点建立以信任和信息化为基础的权威机制，实现透明运作，且保护得当。

4. 集权与分权　集权与分权是决策授权的程度，要依据平台属性和作用进行灵活的授权。一般情况下，平台是以一定契约形式组建的组合体，部分成员是法人实体，平台成员的行为要在平台协议规制下活动，履行责任与义务，激励创新，同时要避免形成既得利

---

①　通用性职能适用于多数企业的技术服务职能，如质量鉴定、表型鉴定、基因测序、科学数据服务、设备共享等。
②　专用性职能只适合一个企业的技术服务职能，如涉及知识产权。南繁硅谷在种业领域的品种权具有个性化差异化需求，要避免"一种多名"恶性竞争。

益关系，从而成为组织管理和进化的桎梏。

5. 控制幅度 控制幅度指控制平台团队规模，既要依据平台属性和作用进行灵活的配置，又要充分考虑授权程度，在一定空间内活动。

6. 正规化 正规化指平台基于规范和准则的标准化程度以及产学研用的紧密程度。平台要力促产学研用紧密结合，实现权力与责任高度匹配，明晰产权、合理分离所有权（占有权、使用权、处分权、收益权），以更加正式的"姻亲"关系替代松散的"乡邻"关系。

二、平台的构成要素

国家南繁硅谷平台的构成要素包括主体性要素、可控性支持要素和不可控性支持要素[12]。

1. 主体性要素

（1）平台管理方 包括创新资源的整合者（一是入驻科技城的独立运营机构，如：中国科学院种子创新研究院、海南大学、海南热带海洋学院等；二是新型科研机构，如：海南省崖州湾种子实验室、三亚市国家耐盐碱水稻技术创新中心、中国热带农业科学院三亚研究院、三亚中国农业科学院国家南繁研究院、三亚中国检验检疫科学院生物安全中心；三是新型高等教育机构，如：三亚中国农业大学研究院、中国海洋大学三亚海洋研究院），协调者（三亚市崖州湾管理局、海南省南繁管理局），创新活动的指导者（专家委员会）以及监管者（科技、教育、农业、发展改革等主管部门）。

平台管理方要秉承资源共建共赢、开放共享、协作共创的大原则、大方向，秉持支撑产业和服务创新创业主体的初衷，参与平台资源整合、协同运作，既要避免重复建设和资源浪费，又要避免相关主体被动地"捏"在一起，吸引各主体主动加入，确保资源有效利用与高效使用，确保设施设备安全使用、合理使用，确保平台管理数字化与数据价值化。

（2）核心企业或机构 包括创新资源的供应者（种业上市公司、生物技术上市公司以及南繁创新资源与设施设备提供机构）和创新活动的实施者（各类大中型企业、南繁科研院校）。政府和园区要创造条件引入核心企业。

大中型种业和生物技术企业可参照跨国公司多中心化的运作思路，将研发中心、财务中心[①]、数据中心、人力中心、融媒中心[②]、体验中心等的一个或多个职能中心转移到南繁科技城，进行超越区域中心的职能中心＋区域中心组织结构设计，匹配南繁硅谷战略，成为引领南繁硅谷的核心企业，并与之共同进化成长。

（3）边缘关联企业 包括创新资源的需求者（各类中小微企业）和创新成果的需求者（种植户、中小微企业）。

---

① 而不是简单的票据中心，更不是避税中心。

② 海南自由贸易港可实现数据流动，无需耗资安装 VPN 即可联通世界。

通过智能化大数据平台的建设，服务于种业产业链全流程，服务于广大的种业企业和生物技术企业，服务于广大育种者和成果使用方，促使边缘关联企业共建平台网络生态。

2. 可控性支持要素

（1）硬件基础设施　包括实验室、测试中心、试验基地、中转基地、网络设施等。要紧紧围绕平台核心能力建设，配置硬件基础设施作为创新的基础设施。

（2）软件基础设施　包括智能 OA 系统、网上审批系统、管理决策系统、AI 育种系统、成果转化系统等。要推动行业领域的数字化革命，加速种业和生物技术产业升级。

（3）公共服务机构　包括政府主管部门（科技主管部门、农业主管部门），科研院校，崖州湾科技城管理局，中介服务机构（如：双创中心、知识产权服务中心、知识产权保护中心、会计师事务所、律师事务所）和金融机构。

（4）内部治理机制　主要包括组织构架、责权利结构、创新激励、绩效考核、质量管理体系等内控性、制度性安排。

3. 不可控性支持要素

（1）正式制度　主要为财税政策、产权保护制度、人才激励政策、技术交易政策、省与部会商政策、跨区域合作框架、省与省（自治区、直辖市）单边合作政策等外部政策。制度就是要实现政策的连贯性、权威性，保证平台的建设与运营科学可持续，如知识产权保护制度，知识产权保护是当前构建官产学研中金合作的信任基础，也是平台发挥巨大作用的制度基础。

要紧紧围绕平台建设的战略目标，营造正式制度，帮助聚合资源。正式制度就是促成构成要素的良好互动和相互支撑，即要做到政策的超前性，更要做到政策的匹配性和动态性。正式制度要为争取多元化的资金投入创造条件，如吸引政府资金、企业资金、金融资本、民间资金、捐赠等。根据平台的功能与作用，采取不同的资金主体作为支撑。

（2）非正式制度　主要为创新氛围、行政氛围、人文氛围、人际关系。创新创业文化等非正式制度要配合好信任环境的营造，增强利益相关者对平台的黏性。重点打造知识溢出的空间，创造适合企业学习与创新的环境。

（3）外部资源　主要为外部技术供应者、外部产品需求者、其他区域平台以及产业环境。国家南繁硅谷平台不是万能平台，不可能包揽全部，需要与对标外部资源结合。同时要基于产业发育实际进行决策，"池大好养鱼，水深养大鱼"，一定的市场规模和合理的准入难度是平台良性发展的经济基础。

三、组织稳定性来源

国家南繁硅谷平台的组织稳定性取决平台能为相关主体带来何种利益或益处。维持平台组织稳定性的动力来源于内在驱动力、外部推动力、吸引力和黏性力 4 力[13]。一是基于技术创新驱动的创新主体间创新需求、发展需求、利益需求等内在需求的内在驱动力。

二是基于制度创新驱动的顶层设计、基于政府驱动的政策支撑等外部推动力。三是创新创业创造主体之间的相互需求、互补等吸引力。四是基于市场驱动的平台对用户的黏性力，黏性力与吸引力是一种共生关系，相互促进。

内在驱动力和黏性力是维持国家南繁硅谷平台组织稳定的关键力量，即打造平台自成长的力量；其中黏性力是平台展示网合力促进可持续发展的决定性力量。外部推动力是平台创建之初的始动力，决定了平台的组织关键构成，其核心是整合聚集资源，引导平台快速成长。吸引力是主体间合作的动力基础，帮助建设有效关联和高效沟通，可以实现知识扩散、技术溢出、价值共创，也是诱发平台黏性力的关键力量。

四、评估与持续进化

国家南繁硅谷平台是若干子平台通力协助的集群，其建设与发展并非三年五载之功，要基于三亚崖州湾科技城、全球资源引进中转基地、生物育种专区等建设进程以及我国乃至全球种业和生物技术产业的发展，开展定期的能力评价、绩效评估，进行长期谋划和采取分步走策略，平衡好前瞻性与阶段性的矛盾。平台发展可分为资源主导型①初建阶段、需求牵引型②发展阶段和数字智慧型③成熟阶段 3 个阶段[14]。

国家南繁硅谷平台初建阶段（2021—2025 年）。鉴于平台的公益性，以政府投入为主、创新主体为辅，为平台建设和配套必要的硬件和软件，奠定平台的创新创造创业的硬件（物质资产）和软件（制度体制、质量体系、尊重知识的文化氛围）基础，物色甚至招标专业的托管机构，实现对平台的专业化管理，加速相关国际和国内的资格、资质、牌照等的认定、认可或许可，为平台良性发展摸索验证路径和模式。在这个阶段，平台建设和运营主要面向创新主体的需求，通过科技城所拥有资源笼络各类 TOP 机构，实现各类创新资源的初步集成。这一阶段资源调配的经验不足、人才难引且流动性大，是干系方充分磨合的阶段；同时，对外服务是被动的，存在对用户服务考虑不周全，标准化服务或产品少，内外接口丰度不足等问题。

国家南繁硅谷平台发展阶段（2026—2030 年）。基于初建阶段模式验证、探索、经验积累以及海南自由贸易港政策制度体系基本成熟封岛运作，通过采取政府主导和激发市场调节的双重作用，面向产业链、面向产业集群、面向用户需求，促进南繁科技城、科教城及中转基地等科技资源的优化配置，聚集专业人才，孵化一批好的项目，拓宽融资渠道，培育一批能提供系

---

① 资源主导型是指政府依据南繁科技城和南繁硅谷规划，与入驻的创新主体协商（如揭榜挂帅、对赌、合建等）投资打造平台，通过汇集整合资源、完善平台功能以及网络化能力的方式，实现创新创业资源与用户需求匹配对接，为国内外种业与生物技术领域的企业、科研院校乃至平台用户提供基于资源条件的服务模式。

② 需求牵引型是指紧扣南繁硅谷战略的顶层设计，以资源聚集和开放共享的形式，通过采用多主体、多形式、多种类资源或者创新服务的组合方式，主动搭建平台网络、拓宽渠道来满足国内外种业与生物技术领域的企业、科研院校以及平台用户需求的增值或价值共创的服务模式。

③ 数字智慧型是指基于数字革命＋人工智能＋大数据，以开放式创新网络环境，通过多主体、多形式、多种类资源或服务的组合方式，汇集并匹配专家人才（团队）、管理人才（团队）、服务人才（团队）等创新人才资源，为用户提供系统性解决方案的一种增值性、创新性服务模式。

列增值服务的、值得信任的专业平台运营机构。在这个阶段，平台建设与运营由最初的被动转为主动，主动为用户提供更有效、更高效的标准化与个性化服务，国际化程度越来越高，开始形成吸引力并发挥影响，适时优化创新资源配置，提高平台对产业链、产业集群的黏性。

国家南繁硅谷平台成熟阶段（2031—2035 年）。基于我国育繁推商业育种体系趋于成熟以及海南岛封关运作所积累的人才、信息、资本、技术、市场等各类资源优势，可以发挥市场主体作用，平台受到金融资本、产业资本的青睐，国家南繁硅谷平台内部正式分离出专业科技服务型企业甚至大型平台型企业，实现市场运作为主、政府引导为辅，并在我国种业整合并购中发挥重要作用，深度嵌入全球产业链。在这个阶段，平台建设与运营已积累丰富的经验，国际人才不断涌入，平台网络运行环境良好，网合能力足以支撑官产学研中金的高效良性合作，能满足不同用户的个性化、差异化需求。

要根据资源主导型初建阶段、需求牵引型发展阶段和数字智慧型成熟阶段 3 个阶段的实际对国家南繁硅谷平台及其子平台进行评估、考核以及压力测试，依据评估考核结果对建设运营进行调整优化，加速平台的发展进化，争取按进度、高质量地完成预设目标。

第三节　平台的创建与运行设计策略

一、创建与运行的基本要求

国家南繁硅谷平台的创建与运行要构筑并夯实功能优势、区域优势和改革开放优势[①]三大核心优势，实现对政策优势的固化，尤其是生成质的飞跃，促使平台科学可持续发展。构筑3大优势，需要做到6力齐发，以及培育和提升6种能力。

国家南繁硅谷平台的创建与运行要做到借力、蓄力、聚力、巧力、合力、发力6力齐发[②]，充分寻求全球的科研单位以及市场的力量，鼓励多元主体参与建设和运营平台及其子平台，实现资源的高效整合、优化配置，对标对表精准施策，高效执行平台的创建与发展战略及任务；其中，做好资源整合、业务融合对于海南缺乏优质科教资源的岛屿地区尤为重要。

国家南繁硅谷平台的创建与运行要培育和提升学习力、创新力、聚合力、协同力、吸引力、影响力6种能力[③]，确保平台实现系统性的科学管理与高效运行；其中创新力为核心，即是对学习力的验证与延伸，更是聚合力和协同力的基础。创新力的核心是优秀的人才和优秀的人才团队，要研究人才的真正需求，筑巢引凤。

二、构建平台制度体系

海南全面深化改革，标志性的重要成果之一将是建立基于自由贸易港的现代化制度体制，该制度体系要超越器（技术）物（物质）层面。展望全球，新加坡和迪拜[④]在器物层面上绝对不是最好的，欧美国家和日本在器物层面是领先的，但新加坡和迪拜在制度体系创新上却是最敢于尝试和最勇于创新的，备受企业及相关人才的推崇，因而实现了贸易聚集、产业聚集。国家南繁硅谷平台的制度安排重点要解决好政官产学研中金的协作、定位、作用和运营模式，采取虚（各类联盟）实（实体机构）结合、以实为主的组织模式，实现"政府＋市场"双轮驱动。

[①] 2021年6月18日，海南省人民政府冯飞省长参加省委七届十次全会第十小组的分组讨论时提出：全力推进政策落地见效，把政策优势转化为自贸港功能优势、区域比较优势和改革开放优势。

[②] 借力即借势依托外援，引入外部资源；蓄力即蓄积能量，做到打铁还得自身硬，充实给力；聚力即整合内外部资源，高效利用资源，形成向心力；巧力即发挥四两拨千斤的作用，好钢用在刀刃上；合力即形成持续的凝聚力，实现协同作战，减少离心力；发力即精准的执行力，尽力"爆破"目标。

[③] 学习力即加强人才队伍建设，对标对表的能力与自我革命的勇气，他山之石可以攻玉；创新力即激励创新创造创业，固化强化理论、制度、科技、文化等创新，超越现实并实现飞跃甚至产生质的飞跃；聚合力即凝聚多元主体的力量，服务共同目标；协同力即建立信任，突破组织的限制实现共创，释放跨组织的活力；吸引力即达到一定的体量或者功能优势、制度创新优势、区域优势，足以形成力量聚集；影响力即实现平台对产业创新创业的领导力，凸显竞争优势。

[④] 阿联酋进行司法创新，法律制度按一国"两"制的模式确保迪拜采取英美法系。

国家南繁硅谷平台采取集成化构建①＋离散化运营②统分结合的平台制度体系模式，实现统一分一统的创建与运行模式。通过集成化构建，建设共性的、枢纽性的、综合性的基础平台并提供制度性保障和管理运行支撑，实现平台资源集中集约共享。离散化运营基于确立良好的合作伙伴关系，确保各个子平台独立运营，但又通过虚实结合的方式相互连接，形成共生共荣的网络。子平台采取何种治理运行模式，要根据其服务的目标、服务的内容、服务的群体、技术的稀缺性以及产业状况、政策环境等环境因素进行选择和设计[15]。

基于自由贸易港制度创新优势，可以为国家南繁硅谷平台构建更加安全、更加完备、更加稳定、更加高效、更加管用的现代化平台制度体系。平台制度体系是平台利益相关方共同遵守的规定和准则的总称，国家南繁硅谷平台制度体系现代化就是让相关法规、政策、标准适应国际自由贸易港建设，顺应全球产业发展趋势。重点建立起：①运营导向机制；②领导权动态变化机制；③资源共享机制；④产业生态演化机制；⑤模块化耦合机制；⑥立体网络效应机制[16]；⑦基于利益共享与风险共担的合作机制[17]；⑧基于信任或权威的服务机制等平台制度体系。

建设运营导向机制，即要实现平台在不同成长时期处理好政府与市场的关系，做好资源整合与配置，引导平台科学可持续发展。领导权动态变化机制，即平台领导权是在竞争中产生的，领导权的形成与变动是动态的。资源共享机制，即平台是创新创业资源聚集的中心，通过共享和利益分配，促成资源共享链和共享网络形成。产业生态演化机制，即平台内组织通过竞合（Cooperation－Competition）不断迭代创新，从而实现进化。模块化耦合机制，即基于全程价值链，以知识模块耦合为载体[18]，将具有自律性和相对独立的模块以耦合方式与其他要素相互联系，构成高效率的耦合网络集群。立体网络效应机制，即模块化生产网络形成了跨地区、跨国界的网络组织，且全程价值链在空间上纵横交错，与社会子网络、网络服务子网络形成了立体网络空间。合作机制，即招商引资，为平台建设、运作和发展寻找、识别合作伙伴，开展业务交流，进行科研项目合作、人才培养合作、产学研合作、平台建设合作、平台运营合作，最终营造协同创新的氛围。服务机制，即营造良好的服务环境，平台承建的优选主体是独立的第三方或平台化改造的事业单位，以提供权威、公正、专业、高效、精准、便捷的模块化服务。

三、确立开放式创新机制

基于创新生态和数字革命，参照平台化管理框架（见图3-8）、HW－BLM（见图3-9）以及重塑政府的理念，对平台组织进行深度变革，构建开放式创新体系。尤其是利用法定机构灵活的组织改革、流程再造的优势，创新重塑三亚崖州湾科技城管理局的组织构架，

①　集成化构建就是要避免多头领导，实现集中调配和管理资源，促进平台合理布局，扩大服务和影响面。
②　离散化运营更易明确责权和绩效评估考核，避免效率低下，激活子平台的创新。

以适应南繁硅谷规划建设，以适应新时期招商的实际，实现聚集优势资源，夯实南繁硅谷科技自立自强的基础和产业聚集的基础。

欧美国家有一套发展较为成熟、体制完整的创新体系，确保了其在人才培养引进、创新引领、成果转化等方面高效运转，其经验表明，打造价值识别体系，拓宽价值资源的影响范围[1]，尊重创新创造和知识产权，建立信任机制，遵循价值运动的主线，贯穿运营管理始终；尤其架起创新与应用的桥梁（图 5-1[19]），促成更有效的创新和更高效的应用，通过价值创造①、价值传递②、价值共创③、价值分配④，可实现多方共赢，保证国家南繁硅谷平台稳定且可持续发展。

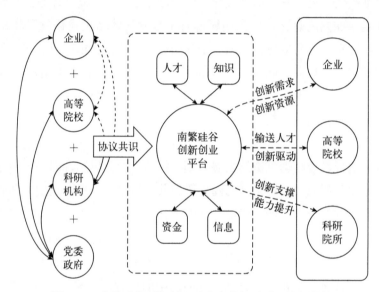

图 5-1　南繁硅谷创新创业平台内外部关系及协同结构

四、健全保障与支撑机制

创新创业平台的运行机制包括[20]创新主体间的基于安全性考量的合作信任机制以及风险分担与化解机制，基于公平公正考量的利益分配与互惠机制以及激励约束机制，基于高效性考量的服务机制，基于利他性考量的文化机制以及知识共享与转移机制，基于链接性考量的公共创新资源协调机制，基于规范性考量的监督机制。

---

① 价值创造涉及对网络内相关资源、数据（信息）、能力的界定以及资源要素的整合与配置，组织者通过实现价值网内外部资源和能力的整合与配置以实现服务集成，及时满足客户需求。

② 价值传递是价值网内节点单位将服务或产品传递给客户的过程，服务平台是一个多边市场，涉及服务供给者、需求者、政府等众多利益主体，价值在价值网内和外部价值网间传递。

③ 价值共创是组织具备经验及创造性的用户共同合作，利用用户的智力资本，以交换回报为手段，促进双方共同生产、制造、开发、设计、服务的活动。

④ 价值分配基于节点单位在价值网中所占有资源的特性、比例及对价值创造的贡献，对贡献大小的评定以绩效评估等级为依据，为相关节点单位分配利益，为服务提供者分配利润或进行经费补贴。

其中，信任机制是运作前提，以确保平台有效运作，促进资源有效整合；风险分担与化解机制是释压保护装置，以减少试错成本；利益分配与互惠机制是运作动力，以激发利益相关方协同创新；激励约束机制是划定责权利的边界，确保有规则、有契约可依；服务机制是平台运营的核心；文化机制是共同价值和守则的保证，以促进竞合和协同；知识共享与转移机制是条件能力保障，确保知识扩散与溢出，支撑创新能力提升；公共创新资源协调机制是运作润滑剂，确保信息通畅和资源高效融合与调配。

第四节 平台的功能定位

一、基于九屏幕法分析

采取 TRIZ 九屏幕法[①][21]，对国家南繁硅谷平台进行系统分析，以国家南繁硅谷平台为中心点（当下系统本身），超系统（以三亚崖州湾科技城为核心的南繁基地）、系统本身（基于南繁科技城、中转基地等的国家南繁硅谷平台）、子系统（国家南繁硅谷平台的各类子平台）为纵向，过去、现在、未来为横向，基于创新资源和产业发展等进行环境扫描[②]和全面分析。

国家南繁硅谷平台本身由众多的子平台组成，涉及科技创新、产业孵化、技术交易、国际合作、金融服务和数字管理等。应用九屏幕法（表 5 - 1），系统地分析国家南繁硅谷平台及其子平台，在时空的约束下，深化摸底和认知国家南繁硅谷平台的超系统、系统本身、子系统，拉出平台及子平台的功能定位清单，形成逻辑关系和相互支持关系。

表 5 - 1 国家南繁硅谷平台功能分析

类别	过去	现在	未来
超系统	曾经的优势产业；发展阶段与经验积累；优势创新主体；创新活跃区及衰落的产业；地区与创新群体	创新资源配置；资源整合能力；创新活力；主导产业及影响力；产业规划与政策配套；契约环境	新兴产业崛起；未来产业集群；创新网络规模与影响力；科技服务需求与能力；政府市场双轮驱动
系统本身	发展阶段与经验积累；南繁科技人员对平台提供服务的满意度；各子平台的联接度；资源整合度	面对的关键问题；优势资源；整体服务能力与功能；服务领域与区域；规划布局的科学性与合理性	平台扩容与新建；人力资源及培养；平台功能定位；平台服务质量与范围；未来发展重点与成效
子系统	各子平台发展阶段与经验积累；各子平台运行效率；用户对服务的满意度；各子平台发展快慢	各子平台优势资源；各子平台提供服务的能力与范围；各子平台分布与协调；各子平台的发展潜力	各子平台服务成效与服务拓展方向；优势资源异动；各子平台的规模变化以及依托主体的变动

二、平台及子平台功能

通过表 5 - 1 的分析以及前述章节尤其是第一章表 1 - 1 等的内容，国家南繁硅谷平台

---

① 九屏幕法是 TRIZ 重要系统思维之一，帮助技术人员从系统、时间、空间 3 个维度研究技术问题，发现克服系统缺陷所需且可以利用的资源。

② 环境扫描（Environment Scanning）是指通过搜寻、捕获社会环境或任务环境中的事件、信息，感知和识别机会，并通过系统地整理、分析和利用，支持组织行为与决策。进行环境扫描是创新平台的一项必备支撑职能。

及其子平台作为南繁硅谷整合聚集资源的核心载体，需要具备整合与调配资源、促进互信与发展、提供支持与服务、实现联动与共创、达成协同与协作、促成推广与扩散六大基本功能，各类子平台要实现或联合实现这六大基本功能。国家南繁硅谷平台的核心功能主要是服务于科技创新（如"卡脖子"技术攻关、重大技术研发）、产业孵化（如产学研桥接、技术服务、成果熟化交易）和产业规模化（如产品与服务规模化应用），同时，提供大数据支撑、测试认证、技术评价、金融资本撬动、政策引导、知识产权保护、国际合作与推广，以及要实现子平台之间分别实现统分融合、相互补充支持等功能，并且具备较强的网合能力。

国家南繁硅谷平台功能的实现，一是要建设各类相互补充、相互支持的创新平台，串起、编织和加固南繁创新网络；二是要刺激创新创业，网合大企业、大研究机构与中小微企业及科研院（所）校的深度关联，加速产业孵化，实现产业聚集；三是要加速对产业的影响力，编织南繁对内对外的服务网络，加快切入种业和生物技术产业网络；四是要围绕核心功能的实现，提供系统性支撑，保证价值链完整和通畅；五是要借力聚集全国资源创建国家南繁硅谷平台及其平台，一者力行省部会商机制支持各类平台的创建与运行，二者力行跨区域合作与省省双边合作聚力建设国家南繁硅谷。

通过上述章节的分析，国家南繁硅谷平台必须要实现如下基本策略：一是实现知识产权、种质资源等成果的可获得性重复利用，尊重知识、发明、发现，尊重创新创造创意；二是实现科学装置、AI 育种软件、大数据等可开放性地共建共享，加速知识流动和确保资源高效利用；三是实现基因编辑、转基因、表型鉴定和制种生产等可安全性地委托共创，类似于 CRO（Contract Research Organization，生物医药研发外包）以及 CMO（Contract Manufacture Organization，全球生物制药合同生产）；四是需要建立 DUS（特异性 Distinctness、一致性 Uniformity 和稳定性 Stability）测试、VCU（Value for Cultivation and Use）测试、生物安全测试体系并可以权威性地管理输出测试数据，确保南繁试验数据纳入国家与各省权威种业管理体系。通过实现这些基本策略，解决传统育种、生物技术育种融合、AI 智能育种融合等融合的问题，解决科研成果与市场脱节的问题，实现从种质资源（创制）到新品种（选育）到成果熟化（品种交易）再到示范推广（商业网络）的产业技术链的闭环。

第五节　平台的分类与构成

一、基于功能的平台分类

中国科学院孙红军等在研究"双创"平台对国家级高新区的作用时，将创新创业平台分成科技研发平台①、产业孵化平台②和公共服务平台③ 3 类功能型平台[22]，对国家南繁硅谷平台的分类与组成提供了参考价值。3 类平台通过创新创业主体资源互补与功能互补等互补共享机制，以及基于知识、技术、信息、人才关联互动协调整合，形成了一个具备资源整合、运行支撑、运营辅助、服务支持、窗口交互、接口开放、数据贯通的平台微生态[22-23]。

伍蓓等提出了基于数字形态的 E - 创新 5D 模型，即一种新型柔性创新网络结构[24-25]，对国家南繁硅谷平台的结构设计也有一定的借鉴意义。国家南繁硅谷平台同样要明确创新创业的范围，即平台边界；创新活动是平台开展创新活动的较小的基本建设单位；分布式特征，即以南繁硅谷为核心的、基于合作网络的开放性或多中心化特征；创新渠道即为创新提供更多的开放式通道或封闭式通道；规则整合即整合在创新管理中用到的条例、规则，使其组织结构、激励机制、互惠机制和知识产权保护发生改变。

二、平台组成与支撑结构

南繁科技城作为全新园区，国家南繁硅谷平台基本上是从无到有的重新构建。为了完成打造南繁硅谷的历史使命，就需要构建更完整的、更专业化的支持支撑体系结构（图 5 - 2）。

根据各子平台的功能作用，需要设计相适应的建设运营管理策略和联接桥接策略，形成密切的耦合关系，实现各子平台间的创新资源自由流动和动态整合，实现各子平台间的协同运作以及集成管理，以达到创新创业平台战略设想。各子平台相互影响、互为支撑、共同进化，实现平台资源的高效集成与科学配置（图 5 - 3），并在政策法规的保障下、在产业发展的刺激下、在营商环境的支撑下，构筑更为复杂、更具价值的平台生态。科技创新平台和产业化平台是国家南繁硅谷平台的两大核心支柱，两平台之间的联动效果是国家

---

① 科技研发平台通过创新资源的高效配置和聚集，承担基础知识或关键、共性及前沿技术研发，催生创新知识和科技成果，包括各类（重点）实验室、博士后工作站、院士专家工作站、（企业）技术中心、工程技术研究中心等。

② 产业孵化平台通过为创新成果提供产业化的条件和要素，承担创新成果的产业化，包括众创空间、星创天地、孵化器、加速器等。

③ 公共服务平台通过提供多元化服务，保障科技研发平台与产业孵化平台的协调发展、相互协作及其功能的正常发挥，包括生产力促进中心、技术转移中心、知识产权交易中心、产业技术创新联盟、产品检验检测机构等。

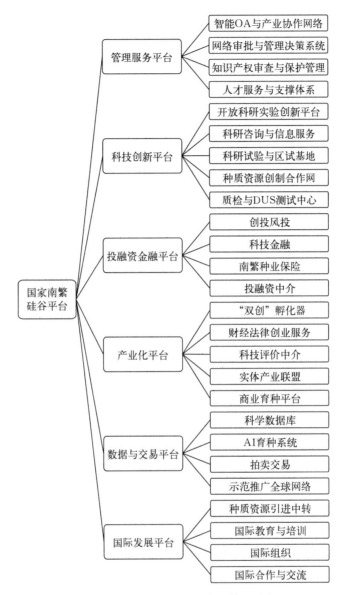

图 5-2 国家南繁硅谷平台及其子平台

南繁硅谷平台最为核心的指标；管理服务平台以及数据与交易平台是国家南繁硅谷平台的内外部环境支撑；投融资金融平台是国家南繁硅谷平台实现可持续发展的动力支援；国际发展平台是国家南繁硅谷平台涉外属性的重要窗口。

建设科技创新平台是国家南繁硅谷平台提升创新能力、支撑创新活动、构筑区域创新内核的必要基础条件。建设产业化平台是推进新兴战略产业成为区域支柱产业的关键举措。建设管理服务平台以及数据与交易平台是实现平台化管理的制度性保障和系统性保障。建设投融资金融平台和国际发展平台是打造国家南繁硅谷平台重要特色的突破口，有助于汇集要素资源。

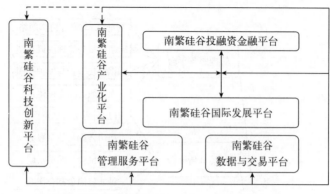

图 5-3　国家南繁硅谷平台子平台支撑结构

三、子平台重新归类构建

南繁硅谷建设必须实现两大战略，一是必须服务好南繁科研支持，打赢种业"翻身仗"；二是利用好"两个市场""两种资源"，更好地服务我国种业出海。国家南繁硅谷平台也要围绕两大战略目标，实施平台的归类构建。

基于国家南繁硅谷平台的基本功能及其相互支撑结构，将管理服务平台和数据与交易平台两个子平台归纳为南繁硅谷创新创业环境支撑平台；南繁科研作为最基本的功能，科技创新平台要作为国家南繁硅谷平台的核心极，独立列为南繁硅谷科技创新平台；将产业化平台、投融资金融平台两个平台归纳为南繁硅谷产业培育平台；国际化发展作为南繁硅谷建设的重要战略目标，将其从产业类平台类单列为重要一极，即南繁硅谷国际发展平台（图 5-4）。

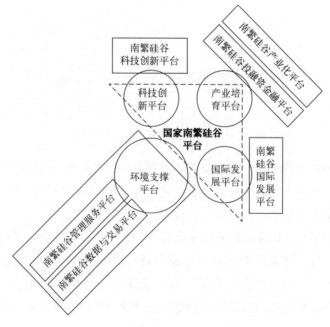

图 5-4　国家南繁硅谷平台分类构建

　　南繁硅谷创新创业环境支撑平台应该作为软件平台的创新极，是创新创业强劲的推动力，如同火箭的动力"箭身"，决定了能"飞多快""飞多远"。而南繁硅谷科技创新平台、南繁硅谷产业培育平台、南繁硅谷国际发展平台作为平台实体，应该作为硬件平台的创新极，如同火箭运送的"箭头"，承担火箭发射的终极使命——运送"卫星"升空，而且是"一箭多星"。"卫星"升空后，其作用由其功能及强度所决定。软件平台的创新极和硬件平台的创新极共同发挥作用，才能成就国家南繁硅谷平台的建设（图 5 - 4）。

参考文献

[1] 张勇，骆付婷 . 基于价值网的科技成果转化服务平台运行机制研究 [J]. 科技进步与对策，2016，33（5）：16 - 21.

[2] 周俊强 . 知识、知识产品、知识产权——知识产权法基本概念的法理解读 [J]. 法制与社会发展，2004（4）：43 - 49.

[3] 李长玲 . 知识产品的定价策略分析 [J]. 图书馆理论与实践，2006（3）：50 - 51＋78.

[4] 黄骏 . 支持开放型商业模式的多边服务平台构建与运维策略研究 [D]. 南京：东南大学，2018.

[5] 黄道主，刘艳琴 . 英国政府克服校企合作障碍的探索与启示 [J]. 高教探索，2019（11）：58 - 63.

[6] 王俊峰 . 构建面向中小企业的公共技术服务平台——德国弗朗霍夫协会的经验及其对我国的启示 [J]. 中国科技论坛，2007（10）：51 - 54＋77.

[7] 佚名 . 德国弗朗霍夫协会运作模式分析及启示 [EB/OL]. (2017 - 03 - 27) [2017 - 03 - 27]. http://www.360doc.com/content/17/0327/00/36988555 _ 640423406.shtml.

[8] 廖逊 . "小政府大社会"的理论与实践——海南省政治体制和社会体制改革研究 [M]. 海口：海南出版社，2008.

[9] 陈琪 . 佛山市顺德区中小企业公共服务平台建设与发展研究 [D]. 广州：华南理工大学，2016.

[10] 王斌，谭清美 . 产业创新平台建设研究——基于组织、环境、规制及外围支撑的视角 [J]. 现代经济探讨，2013（9）：44 - 48.

[11] 王珺，岳芳敏 . 技术服务组织与集群企业技术创新能力的形成——以南海西樵纺织产业集群为例 [J]. 管理世界，2009（6）：72 - 81.

[12] 陈莎莉，张纯，袁方值 . 江西省战略性新兴产业创新平台构建研究 [J]. 对外经贸，2012（3）：93 -95.

[13] 邱栋，吴秋明 . 科技创新平台的跨平台资源集成研究 [J]. 自然辩证法研究，2015，31（4）：99 -104.

[14] 王雪 . 区域科技共享平台服务模式与运行机制研究 [D]. 哈尔滨：哈尔滨理工大学，2015.

[15] 王兮 . 公共技术服务平台治理模式选择的影响因素研究 [D]. 南京：南京工业大学，2014.

[16] 姜启波，王斌，谭清美 . 新型产业创新平台功能及其运行机制 [J]. 现代经济探讨，2016（11）：74 - 78.

[17] 褚浩男 . 现代农业科技协同创新平台构建及运行机制研究 [D]. 长春：吉林大学，2014.

[18] 夏后学，谭清美，王斌 . 装备制造业高端化的新型产业创新平台研究——智能生产与服务网络视

角 [J]. 科研管理，2017，38 (12)：1 - 10.

[19] 肖卫东，李珒. 农村中小企业公共服务平台的服务模式：一个政府主导型复合服务模型 [J]. 中国行政管理，2014 (12)：63 - 67.

[20] 马仁钊. 虚拟企业创新平台的理论与实证研究 [D]. 武汉：武汉理工大学，2008.

[21] 王雪原，王宏起，孙晓宇. 基于 TRIZ 的区域创新平台优化管理研究 [J]. 科技进步与对策，2012，29 (19)：33 - 37.

[22] 孙红军，王胜光. 创新创业平台对国家高新区全要素生产率增长的作用研究——来自 2012—2017 年 88 个国家高新区关系数据的证据 [J]. 科学学与科学技术管理，2020，41 (1)：83 - 98.

[23] 李滨. 基于集成管理理论的产业园区公共服务平台构建研究 [J]. 中小企业管理与科技（上旬刊），2016 (7)：46 - 48.

[24] 伍蓓，陈劲，厉小军. E-创新：一种新型的网络创新模式 [A]. 国家自然科学基金委员会管理科学部、中国系统工程学会青年工作委员会. 管理科学与系统科学研究新进展——第 8 届全国青年管理科学与系统科学学术会议论文集 [C]. 国家自然科学基金委员会管理科学部、中国系统工程学会青年工作委员会：中国系统工程学会，2005：6.

[25] 陈劲，伍蓓，方琴，等. E - innovation 绩效影响因素研究 [J]. 研究与发展管理，2008，20 (6)：67 - 75.

第六章

国家南繁硅谷平台的
业务领先模型

第一节 创新创业平台 BLM 战略规划

一、战略意图

通过分析内部影响因素和外部影响因素，构建组织价值观，制定战略规划（图 6-1）[1]，根据战略金字塔模型，有助于明晰战略意图，战略意图由使命、愿景、战略目标和近期目标组成。

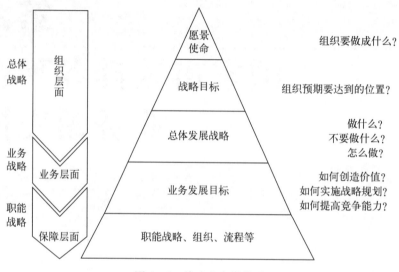

图 6-1 战略金字塔模型

1. 使命 国家南繁硅谷平台作为多边平台，要促使生物技术领域的基础研究及基础应用与种业领域的应用研究完美结合，为建立以南繁为核心的全国穿梭育种——南繁北育体系奠定基础，主导串联不同生态区的测试体系，向育种者、生物技术科研人员和企事业单位提供多向对接服务，尤其是提供产业生态服务和金融投资服务，构建政府引导、企事业单位为主、市场化运作的模式，让育种更加安全、便捷、高效，激励种业以及生物技术创新创业，并搭建渠道通路帮助种业企业和生物技术走出国门。

使命之一：科创。聚焦种业和生物技术产业的共性关键技术，挖掘基础研究、应用基础研究、应用研究的商业价值。

使命之二：安全。包括更加严厉的知识产权保护和更加安全的基地安防，建立起信任＋权威＋利益公平分享的管理运营机制。

使命之三：便捷。一站式科技服务让南繁育种不再"难烦"，桥接个体与网络，增强合作的深度与广度，让南繁官产学研中金合作不流于形式。

使命之四：高效。生物育种与传统育种融合，大数据与育种融合，AI 育种不再触不可及，让育种更加精准、高效和有创意。

2. 愿景　愿景是一种定性的战略意图表达，要具备推动性、激励性、价值性、方向性和协同性，体现时代特征、经济性和社会担当（超越个体诉求的情怀），要超越过去和现在，展望和预测未来[2]。

愿景之一：国际影响力。打造全球知名的种业和生物技术领域创新创业创造平台。

愿景之二：科技创新力。打造种企和生物技术企业等高新技术企业摇篮。

愿景之三：产业培育力。打造种企和生物技术企业上市孵化基地。

愿景之四：价值共创力。打造产学研用利益共享与分享机制创新创造接口。

3. 战略目标　战略目标要科学地解构组织的使命愿景，指导组织确定发展指标，指明组织应达到的位置。战略目标其本质就是定位，要与使命愿景结合起来，指明组织未来分阶段应达到的目标，实现资源聚集与匹配，既要有定性描述，更要有定量的指标体系支撑[1-2]。

国家南繁硅谷平台一定要成为支撑建设南繁硅谷的基石与内核，整合和集成相关科技资源，重点打造智能化数字支撑体系、科技创新创造体系、生物技术与传统育种（育种4.0）桥接体系、成果熟化转化体系、国际交流合作体系和金融财务法务六大核心业务体系，加速项目落地、人才落地、投资落地、政策落地、产业落地，推动南繁由客场转向主场、由被动转向主动、由传统转向现代①、由简单转向复杂②、由一元转向多元③、由利用优势转向生成优势、由单纯的科研转向官产学研中金一体化、由松散网络转向集群网络，真正生成功能优势、区域优势和改革开放优势。根据战略意图以及前章的论述，国家南繁硅谷平台六大核心业务体系与六大子平台的匹配关系见图6-2。

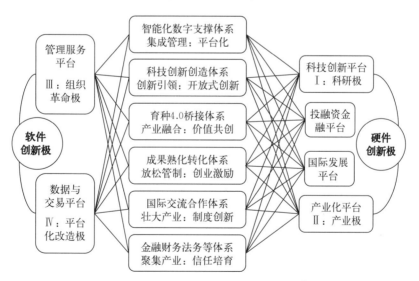

图6-2　核心业务体系与子平台匹配关系

---

① 即由传统田间育种转向"田间＋实验室＋AI"育种的转变。

② 即由简单树牌子、建房子转向构筑产学研中金实体和制度创新。

③ 即由租地科研转向南繁单位主动办机构，政府主动建园区（包括中转基地）。

国家南繁硅谷平台构建与运营的核心战略目标是紧紧围绕种业与生物技术产业，锻造与培育平台实体，打造全球化视野的科研极与产业极作为平台的硬件创新极；同时，为了匹配硬件创新极目标的实现，要基于自由贸易港的制度创新优势，进行制度创新与管理模式升级，打造组织革命极和平台化改造极作为平台的软件创新极。

4. 近期目标 国家南繁硅谷平台的近期目标就是快速完成资源主导型的初建阶段（详见第五章第二节）。以核心能力建设为导向进行资源和项目配置，加速推进国家南繁硅谷平台的规划与建设，加速平台及其子平台的投入运营，加速反馈评估与修正。目前，国家南繁硅谷平台基本上以政府投资为主，政府投资有显著的财政预算的年度计划性和项目申报立项的审批流程性，因此，平台建设可从市（县）、省、部委和国家 4 个层级进行近期目标的规划，极力争取国家及有关部委/局的支持，增强预见性，做足项目储备，做好前期软硬件安排，凸显属地自主化，主动实施项目建设，形成在自控权（资金、土地、人才）下的先导项目制。

二、市场洞察

（一）宏观分析

1. 大种业 基于高资本投入、严知识产权保护、复杂市场渠道等原因，欧美国家种业寡头化趋势显著。虽然我国在种业资本领域基本形成中信系、中化系、中农发系等国有资本为主导的种业体系，但我国种业领域集中度仍远远低于欧美国家。由于知识产权保护不到位以及种业现代化时间不长，我国种业呈现"千帆竞渡，百舸争流"的状态，信任机制与商业氛围尚达不到欧美国家或日本的水平，而且大种业（农、林、牧、渔）市场空间容量有限可测，天花板在 3 000 亿元。

2020 年 8 月，问卷调查南繁科研人员对采用 UPOV1991 版本态度时，仅 17.54% 的被调查者认为有必要使用，从这一侧面信息可知，我国种业创新以跟跑模仿为主，领跑等原创能力或原创信心不足。2021 中国种子大会暨南繁硅谷论坛注册人员近 2 500 人，在其 12 个独立分论坛中，种业知识产权保护论坛的注册人员超过 1 300 人，约占注册人员的 52%，其是所有分论坛中最火爆的论坛，说明种业人高度关注知识产权动态。种业发展趋势见图 6-3。

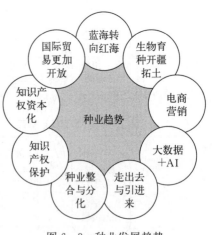

图 6-3 种业发展趋势

2. 科技服务业 科技服务业（Science and Technology Service Industry）是指以创新创造创意为驱动，运用现代科技知识、现代技术和分析研究方法，综合必要的经验、技能、信息等要素向社会提供以智力为核心的产品与服务的新兴产业[3]。根据《国家科技服务业统计分类（2015）》，科技服务业主要包括科学研究与试验发展服务、科技信息服务、专业化技术服务、科技普及和宣传教育服务、科技推广及相关服务、科技金融服务、综合科技服务七大类。其中，农学、林学、兽医、畜禽、水产学等农业科学领域属于科学技术研究和试验发展服务；植物新品种等知识产权的代理、转让、登记、鉴定、评估、认证、咨询、检索等属于科技推广及相关服务；区域性试验和生产性试验等属于综合科技服务，因此，种业与科技服务业在部分内容上高度契合。

当下科技服务业作为新的经济增长点，已成为世界上发展迅速、更新最快、最活跃的产业之一。科技服务业有明显的聚集性，在全球范围内主要聚集在欧美国家和日本等地区，在我国主要聚集在北上广深一线城市。欧美日韩等国家均将科技服务业作为支柱产业全力发展。早在 2012 年，美国科技服务业增加值已超万亿美元，占 GDP 的 7.6%。2014年 10 月 9 日，《国务院关于加快科技服务业发展的若干意见》强调，科技服务业是调整优化产业结构、培育新经济增长点的重要举措，是推动经济向中高端水平迈进的关键一环，以研究开发及其服务（如：生物技术研究开发、生物医药的研究开发）、技术转移、创业孵化、知识产权、科技咨询、科技金融、检验检测认证、综合科技服务 8 个方向为重点。2017 年 4 月，科技部印发的《"十三五"生物技术创新专项规划》提出，2020 年我国生物技术产业在 GDP 中的比重将超过 4%。

南繁作为服务全国种业科技创新的载体，具备服务业尤其是科技服务业的特点。与种业关联的科技服务业规模或超万亿元规模，与种业高度关联的生物农业则呈现快速发展趋势，规模已近 2 000 亿元。南繁产业孵化培育需要通过提升南繁科技服务能力增强我国种业对南繁强依赖性，通过提升南繁科技服务能力促使南繁从"客场"向"主场"转变，通过提升南繁科技服务能力加速培育南繁产业链。科技服务业发展趋势见图 6-4。

3. 南繁产业　发展南繁产业，需要耐心培育南繁硅谷商业生态（图 6-5）。

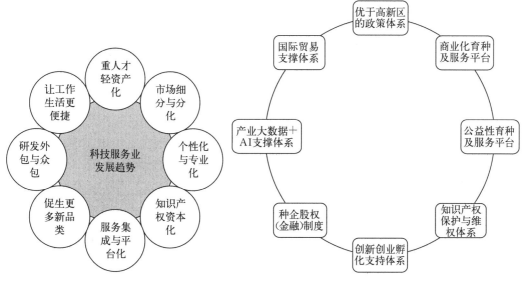

图 6-4　科技服务业发展趋势　　　　图 6-5　培育南繁硅谷商业生态的重点

在攻克"卡脖子"问题的背景下,根据关联行业的发展趋势和种业领域的重点,南繁产业发展趋势如图6-6。

（二）竞争分析

国家南繁硅谷平台构建与运营并不"孤单",国内已建有类似的平台。众多省份利用其良好的区位、产业、科技、人才、市场等优势,积极谋划各类高大上的种业规划,发展生物育种产业,建设种业园区,重点打造各类平台,通过平台聚集资源、融合产业。北京、武汉、长沙、合肥、广州、深圳、青岛、潍坊等城市均有相关综合性平台或功能平台的布局,海南、甘肃和四川均有国家级制种基地建设。详见表6-1至表6-6。

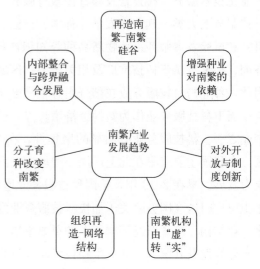

图6-6　南繁产业发展趋势及趋势引导

表6-1　北京市通州国际种业科技园区平台

战略目标	价值主张	竞争策略
打造国家现代农业科技城通州国际种业科技园区,形成以科研为基础、以企业孵化为支撑、以展示为窗口、以交易为核心、以公共服务为保障的5大功能,最终建设成为国家种子"硅谷"	在良种创制、成果托管、技术交易、良种产业化4大环节改革创新,服务于全国种业和生物技术企业	构建全国性的"一城两区百园"协同创新体系,就地引入农业农村部"三院"(中国农业科学院、中国水产科学研究院、中国农业工程研究设计院);重点建设:①种质资源库、作物种质资源共享交流平台;②农作物高通量育种研发服务平台、高通量分子育种平台、作物新品种权交易中心

海南与北京的主要区别在于:①大部分持证外资种子企业集中在北京,如孟山都、杜邦、先正达等跨国种业企业;②科研院所与高校云集,汇集有众多不同功能的科研创新平台。海南与北京的差距在于:①创新资源的极显著差异;②产业资源的极显著差异。

表6-2　合肥种业产业园平台

战略目标	价值主张	竞争策略
打造种业之都,作物、水产种业共同发展,打造百亿级产业集群	引导众多企业做大做强,百花齐放,搭建产学研合作的桥梁,鼓励企业勇闯"一带一路"	组建一批高层次种业团队,打造一批高水平种业新型研发机构,推进保种、护种、育种、引种、用种。强优势、补短板,建设和完善院士工作站、种业产业联盟等研发平台,补助资助成果转化

海南[1]与合肥的主要区别在于：①合肥有国家级育繁推一体化企业4家，位居全国第二位，两家种企上市公司；②安徽农业大学和安徽省农业科学院有条件建设产学研协作的科研创新平台。海南与合肥的差距在于：①商业氛围的差异；②创业人才的差异；③海外经验的差异[2]。

表6-3　长沙种业硅谷平台

战略目标	价值主张	竞争策略
建设国际种业总部基地、国家现代生物种业技术创新中心及种质资源共享、种业创业孵化、种业交易会展、种业综合服务等功能区，打造国际一流的现代种业新城	引导种业行业进一步聚集，培育行业龙头，支持领军团队建设种业创新平台，参与国际竞争	湖北省政府与央企合作，建设岳麓山种业创新中心、隆平高科科技园，打造科创中心和产业中心，聚焦生物育种产业，打造共性技术平台，以形成新一代智能化育种技术体系，催生种业产业链

海南与长沙的主要区别在于：①长沙有中信系种业公司，其中上市公司隆平高科位列全球TOP10，有海外兼并经验；②湖南省农业科学院、湖南农业大学、中国科学院亚热带农业生态研究所建设有多个科研创新平台[3]，产学研基础较好。海南与长沙的差距在于：①以中信系种业企业科创平台为主体，建成"隆平高科科技园""水稻国家工程实验室""国家级技术中心"和华智生物"国家水稻分子育种平台"等；②杂交水稻、杂交谷子、杂交食葵、杂交黄瓜、杂交玉米、杂交辣椒等拳头产品突出；③有院士等为代表的领军人才团队。

表6-4　潍坊蔬菜种业硅谷平台

战略目标	价值主张	竞争策略
打造国际种业技术创新策源地、新型的科技创新基地和科技创新创业共同体，建设创新资源富集、运行机制开放、治理结构有效、创新能力领先的国际种业研发集聚区	以蔬菜现代育种、突破现代蔬菜种业前沿引领性、应用基础性和共性关键技术制约，打破科技创新的体制性、机制性障碍	由农业农村部与山东省人民政府共建国家对外开放综合试验区，以园艺作物为切入点，建设产业链，实现产业集群，与荷兰种业建立了紧密的合作关系

海南与潍坊的主要区别在于：①潍坊的瓜菜生产催生种业成长；②潍坊是较早打造蔬菜产业集群和培育产业链的地区。海南与潍坊的差距在于：①寿光瓜菜产业链基本形成；②潍坊临近北京，更易导入北京、天津的科创资源，已启用了国家现代蔬菜种业创新创业基地研发中心、中国农业科学院寿光蔬菜研发中心、农业农村部种子检验寿光分中心等一批国字号、高精尖科技平台，中国农业科学院承建的国家蔬菜分子设计育种创新中心也将落户寿光。

---

① 用海南而不是用三亚，因为海南一岛同城。

② 三亚首单玉米种质资源引进创制之后，再经安徽回到国外。

③ 湖南在种业领域拥有3个国家重点实验室、3个国家工程技术研究中心、9个国家育种中心或改良分中心。

表6-5 酒泉种业航母平台

战略目标	价值主张	竞争策略
按照"一轴一园两区十基地"① 产业发展格局,打造集种子研发、生产、加工、物流、营销、科普、博览等功能于一体的国家级现代种业基地。面向国内外,以制种与种子加工产业链为基础,发展现代种业	培育以民营种子企业为中坚的企业集群。"共建、共享、联合、联通",同时建设以种为核心的种业小镇	构建以育种研发、质量认证、病害检测、品牌推广、生态保护、市场监管六大板块为支撑的种业体系;成立各种子协会,促进企业自律

海南与酒泉的主要区别在于:①酒泉位于河西走廊,是种子生产与加工的黄金走廊,是上市公司甘肃省敦煌种业股份有限公司所在地;②酒泉是对外贸易制种基地,我国蔬菜、花卉的种子跨国代繁代制,其出口量占全国种子出口量的50%。海南与酒泉的差距在于:①产业基础差异,酒泉已形成了以制种产业为基础的种子产业;②产业链差异,酒泉的种子机械研发生产活跃。

表6-6 深圳生物育种创新示范区平台

战略目标	价值主张	竞争策略
以生物育种为主攻方向,打造深圳种业硅谷,抢占世界种业科技竞争制高点	形成"基础研究+技术攻关+成果产业化+科技金融+人才支撑"全过程创新生态链	引进了中国农业科学院深圳生物育种创新研究院、中国农业科学院深圳农业基因组研究所、深圳市作物分子设计育种研究院等一批国际国内知名的生物育种创新团队,每年安排近3亿元专项资金

海南与深圳的主要区别在于:①深圳的资本资源,国家种业创新基金在深圳成立,它将为深圳成为种业创新之都建设提供金融支撑;②深圳的创新创业环境。海南与深圳的差距在于:①深圳资本运作方面的极显著优势;②深圳财政资金持续扶持的优势。

北京、合肥、长沙、潍坊、酒泉和深圳在种业发展方面都具有代表性,各有特长,海南需要向这些城市学习。通过表6-1至表6-6的分析,海南需要主动加入北京的"一城两区百园"协同创新体系,牵头构建南繁北育协同创新体系;需要学习合肥在不具备优势创新资源的环境下,但培育出浓厚的种业创业商业环境经验;需要学习长沙政府主导下的产学研协作网络,加强与央企合作培育龙头企业;需要学习潍坊、酒泉从产业端出发,发挥自然优势资源和产业优势资源,构建种子产业链和培育种子产业集群;需要学习深圳培育良好的创业环境,为创新创业团队提供稳定的资金支持。

(三)产业链图谱分析

1. 产业链图谱及其分析 鉴于技术平台的综合性、集成性和服务于产业及产业链的特性,需要基于产业链进行综合分析。产业链图谱分析是分析、评价和规划平台的一种综合方法[4]。产业链图谱是基于产业链上游、中游、下游的价值流、销售流以及相关利益者

---

① 一轴:国道G312为发展轴;一园两区:南郊种子加工园(含总寨种子加工园)为载体,在酒泉经济技术开发区建设杂交玉米和蔬菜花卉种子精深加工园;十基地:在10个乡镇因地制宜布局建设国家级玉米制种基地、蔬菜良种繁育基地、花卉种子生产基地和优质牧草种子生产基地。

关系的符合一定逻辑关系的综合图解。

产业链图谱分析[4]是从宏观、中观和微观视角对组织机构（企业）群规模、产值规模、技术先进程度以及组织机构群在行业的地位与影响进行比较，明确产业链内部的价值流、技术流、物料流、供需流等层次关系以及对应分布状况、功能与发展详情，重点分析平台资源状况以及产业链研发环节、产业化环节、信息资源、产权保护、管理制度等，并从产业链关联性与对应关系中分析后提出平台的设置构成。

2. 国家南繁硅谷平台产业关联图谱分析　根据产业链图谱分析、南繁产业链特点以及平台分类构建策略，绘制南繁产业链图谱关联路线（图 6-7）。国家南繁硅谷平台基于南繁产业链的实际，要熟悉种业的基本要求，如育种科研必须做到面向消费者、面向农户、面向运销、面向未来①4 个面向，要提升看得开、引得来、种得出、配得成、保得住、布得远②六大能力。国家南繁硅谷平台要尊重育种规律，考量南繁产业链关键环节的核心部分，如育种环节中的育种材料获取与种质资源创制、分子辅助育种等关键技术或核心问题以及技术与传统的关系，从而制定创新平台建设与运维策略。

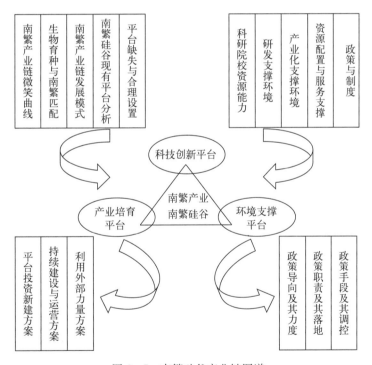

图 6-7　南繁硅谷产业链图谱

---

①　面向消费者就是要尊重消费的差异化与个性化，适应市场需求；面向农户就是重视农业供给的优化，与农户产生共鸣；面向运销就是在流通环节要重视商品率；面向未来，就是要与时俱进。

②　看得开就是理论能力、视野要求；引得来就是种质资源引种与创制；种得出就是确保各类遗传性状充分展现；配得成就是确保新品种的新颖性＋DUS；保得住就是研究成果安全持有；布得远就是生态区试验与保护地等特定条件下的栽培试验。

3. 南繁产业链分析　　南繁产业链是以培育良好的市场环境为基础，以价值创造、价值增值、价值传递或者价值共创为导向，以贯通资源市场和需求市场、打造种子产业和生物技术产业为目标，催生孵化出为南繁上游（创新）、中游（生产）、下游（品牌网络）提供不同功能或服务的企业、各类机构、制种专业户等组成的利益关联、动态的战略网络结构（图 6-8）。

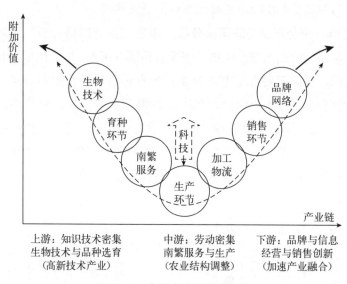

图 6-8　南繁产业链微笑曲线

　　南繁产业链的核心是育（品种研发、生物技术创新服务）繁（种子生产加工与贮藏）推（市场销售网络）服（售后服务网络）一体化。南繁产业可分为直接产业（基础产业，包括制种产业、育种产业等）、依存产业（极强的带动性产业，包括生物技术产业、农药研制产业等）、关联产业（与育种制种前后关联的产业，包括种子加工与贮运业、农业生产等）、派生产业（服务前述产业的服务业，包括保险、科普、金融、产业地产、交易服务等），这些产业均将分布在南繁产业链之上。

　　南繁产业与种业、生物技术产业息息相关。尤其是现代种业全产业链在生物技术和互联网技术的支撑下，正在发生重大演变以适应新时代的发展。

　　其中，生物技术在现代种业中发挥越来越重要的关键性作用，生物技术研究应用水平将决定种业创新能力、产业延展能力和市场竞争能力。要积极将生物育种纳入南繁产业链循环之中，加强知识产权的研发、保护、孵化和产业化（图 6-9）[5]。

　　与现代种业全产业链一致，南繁产业链同样包涵种子生产经营标准化管理与服务层、育繁推服一体化层、产业链主体层 3 层结构（图 6-10）[6]。种子产业是一个比较特殊的产业，种子本身是农业的重要生产资料，种子产业后续还有种植产业链，而种植产业链后续还可以有食品棉纺等轻工业类的加工产业链。因此，可以以种业为统领，强化种业在社会经济中更为广泛的影响，延长产业链。

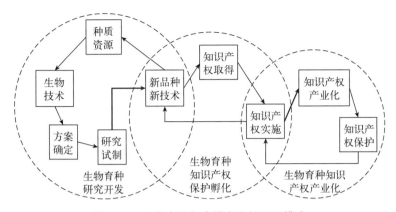

图 6-9　生物育种与南繁产业链匹配模式

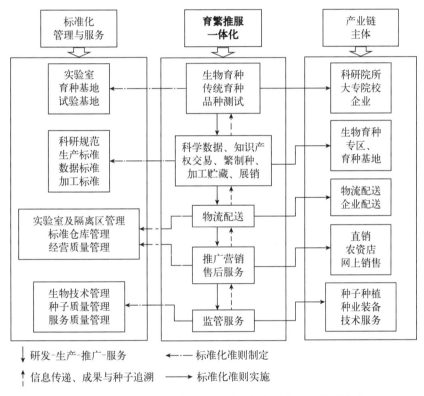

图 6-10　基于生物技术和互联网＋的南繁产业链发展模式

　　通过技术创新实现产业链价值整体提升或减少南繁产业链微笑曲线的曲率。南繁产业作为种业和生物技术产业的重要组成部分，政府要全流程监管服务，为产业发展提供诸如品种权保护、品种审（认）定、种子质量监督、科学伦理监管[①]、市场执法等服务，提供必要的公共实验服务平台。

---

① 严守科技伦理和法规，避免出现类似基因编辑婴儿的事件。

三、创新焦点

（一）产品与服务创新

种业是一个差异化甚至个性化较为明显的行业，而且支持其发展的技术较为成熟，有较好的技术、政策基础。目前我国种业距离育种 4.0 还差 1.5 代，还有很大的成长空间。构建与运营国家南繁硅谷平台，其关键在于围绕价值创造，提供面向种业和生物技术的研发服务、孵化服务、桥接服务、金融服务、运营服务，创造良好的产业生态和提供丰富的创新创业资源。面向种业和生物技术领域的痛点，创新的焦点在于对种质资源等遗传资源的交换与受益、创新技术的应用与受益、知识产权利益分配与收益再分配、风险评估与防范、创新创业的软硬环境等方面进行服务与创新。基于南繁产业链和南繁产业集群定向打造各类平台，配合产业链式招商。

（二）市场创新

市场创新在于灵敏地响应市场需求和创造市场需要。目前在种业领域，一方面其热点是育种 4.0，即衔接传统育种、生物技术育种、智慧育种，借助生物信息学实现基因组学、转录组学、蛋白组学、代谢组学、糖组学、脂质组学、表型组学、时空组学等多组学整合研究，解决种业领域产学研脱节的问题，即要快速响应科技进步与市场需求。另一方面，种业市场规模有限，种子企业以微小企业居多，难以容纳支撑起涉种科技服务业的野心，即必须基于种业关联行业，创造需求以容纳支撑起南繁硅谷科技服务业。

（三）营销方式创新

国家南繁硅谷平台更接近 B2B，因为服务对象数量有限，因此，能更精准分析和掌握用户需求特征和消费行为，有助于更精准地实施差异化和个性化的服务，甚至可以做到一事一议、一企一政、一人一策等，特事特办。医药行业 CRO、CMO、CSO① 可以作为国家南繁硅谷平台合作运营的参考系，但需要根据南繁产业的个性化特点进行调整。

（四）业务流程创新

国家南繁硅谷平台及其子平台的业务流程要与时俱进，在新手段（如大数据、AI、基因编辑、自动化表型鉴定、基因型鉴定、常温室压诱导）的支撑与制度创新的保障下，提高标准化程度、简化环节、减少风险、开放接口，同时，通过业务流程再造（Business Process Reengineering）促进合作、保障交易、提高效益。业务流程再造的概念源自迈克尔·哈默（Michael Hammer）与詹姆斯·钱皮（James Champy）1993 年出版的著作《企业再造：企业革命的宣言书（Reengineering the Corporation：A Manifesto

---

① CRO、CMO 和 CSO 分别服务于医药行业的研发、生产、销售三大环节，CRO（Contract Research Organization）生物医药研发外包，可对应生物育种外包；CMO（Contract Manufacture Organization），全球生物制药合同生产，可对应制种环节；CSO（Contract Sales Organization），合同销售组织，可对应种子经营商。

for Business Revolution)》[7]。该著作将业务流程再造定义为，为了使企业能够最大限度地适应以顾客、竞争、变化为特征的现代企业经营环境，以便企业在成本、质量、服务和速度为核心的业绩方面获得显著性的改善，从而根本性地再思考和彻底性地再设计企业的业务流程。

（五）运营模式创新

国家南繁硅谷平台及其子平台组织内部财务、法务、技术、服务运营、营销、人力资源（包括猎头）等管理的创新，引入大数据、AI等实现组织管理信息化、数字化、智能化，实现这六大职能的有机统一、协同有力，提供强大的组织保障。创造更加公平可信的交易环境，可参考应用兰伯特工具包来规范产学研交易或合作的过程。

四、业务设计（商业模式）

（一）客户选择与细分

国家南繁硅谷平台的客户主要为育种者、种业企业、生物技术企业、科研院所、高等院校和下游农业企业。

1. 育种者

属性：平台的使用方和价值共创方。

数量：3 000～4 000人（南繁从业人员超过12 000人）。

付费意愿：低，自己解决不了的问题才有需要，不太愿意付费。

付费能力：中，收入在涉农行业中属于中上游。

付费因素：平台服务的便捷性；种质资源创制的高效性和安全性；成果变现的公正透明性。

客户需求：①精准、高效育种的需要（如：AI辅助育种、生物技术育种需求）；②品种权申请与保护的需要；③种质资源保护与利益保护；④品种权交易与推广甚至创业融资的需求。

客户压力：①竞争白热化；②亲本流失严重；③推广网络不健全；④收入不稳定。

核心客户：约占20％（600～800人）。这部分人一般有如下特点：①已育成品种，将品种优化、成果变现、测试推广成为其核心目标；②是基本进入组织的中层甚至上层，有影响决策的能力甚至可以进行自主决策；③倾注科研，但感知市场的能力不足，关注市场意识不足，成果转化率不足20％；④南繁北育穿梭育种，难免疏远家庭；⑤基本上属农二代，熟悉三农；⑥月收入在万元及以上。

2. 种业企业

属性：平台的使用方和价值共创方。

数量：1 000～3 000家。

付费意愿：低，自己解决不了的问题才有需要，不太愿意付费。

付费能力：中，在涉农企业中收入属中上游。

付费因素：平台服务的便捷性；种质资源创制的高效性和安全性；官产学研中金合作的科学性与利益公平性。

客户需求：①品种特性信息与推广应用及其评价信息；②品种权交易与推广甚至融资需求；③品种权申请与保护的需要；④种质资源保护与利益保护；⑤精准、高效育种的需要（如：AI 辅助育种、生物技术育种需求、高通量基因型和表型鉴定）。

客户压力：①竞争白热化；②亲本流失严重；③推广网络不健全；④收入不稳定；⑤消费者需求变化。

核心客户：约占 20％（200～600 家，在南繁实名登记的种业企业有 452 家，目前数量还在增加）。这部分企业有以下特点：①属研发型企业，有育种者甚至科研团队；②公司基本实现赢利，种子销售年收入 300 万元以上，具有持续发展的资金基础；③研发能力不足，尤其是生物育种能力匮乏、育种效率低；④属区域性企业，一般局限在某一地级市及其周边地区；⑤品种单一，也可理解为专业性公司；⑥大部分公司的投资人主要为育种人及其亲朋好友或熟人，带有家族管理特色。

3. 生物技术企业

属性：平台的使用方或承包运营方，价值共创方。

数量：30～50 家。

付费意愿：中，看使用平台的群体规模来决定付费。

付费能力：中上。科研设备昂贵，由购买转为租用，减轻投资负担，符合轻资产运营的原则。

付费因素：合作运营模式互利性；进入平台的机构或客户的数量；未来发展有潜力。

客户需求：①平台的网合能力；②价值共创与价值共享。

客户压力：①生物技术育种的商业化；②设备投资高；③客户群体小。

核心客户：约占 20％（6～10 家）。这类企业有以下特点：①属种业关联公司，为育种者、科研院所和高校提供分子生物技术支撑；②属昂贵设备投入型科技公司；③一般紧紧围绕在科研院校周边，提供技术服务，甚至提供全套解决方案；④有介入的意愿，但"不见兔子不撒鹰"。

4. 科研院所

属性：平台的使用方或承包运营方，价值共创方。

数量：300～500 家。

付费意愿：中，看对平台的支配权强弱来决定付费。

付费能力：高，愿意出钱和出人。

付费因素：合作运营模式互利性；平台进入的便捷性。

客户需求：①精准、高效育种的需要（如：AI 辅助育种、生物技术育种需求、高能量表型鉴定、育种数据信息化）；②种质资源合作，品种权申请与保护的需要；③种质资源保护与利益保护；④品种权交易与推广。

客户压力：①亲本流失严重；②缺乏合作与推广网络；③成果变现难。

核心客户：约占30％（90～150家，在南繁实名登记的科研院所有218家）。这部分科研院所有以下特点：①已育成品种，将品种优化和变现成为其核心目标；②存在两极分化，一类为基础研究型机构（重在分子机理研究，平台的开放实验室对其有一定的吸引力），一类为应用研究机构（重在传统育种，有大量的育种材料资源，平台的试验基地和测试实验室对其有吸引力）；③倾注科研，但关注市场不足，成果转化率不足30％；④不善于处理种业领域的知识产权纠纷，不善于处理与农户的种子质量纠纷；⑤SCI和科研项目导向；⑥科研经费相对充足。

5. 高等院校

属性：平台的使用方或承包运营方，价值共创方。

数量：100～200家。

付费意愿：中，看对平台的支配权强弱来决定付费。

付费能力：高，愿意出钱和出人。

付费因素：合作运营模式互利性；平台进入的便捷性。

客户需求：①精准、高效育种的需要（如：AI辅助育种、生物技术育种需求、高能量表型鉴定、育种数据信息化）；②种质资源合作；③品种权申请与保护的需要；④种质资源保护与利益保护；⑤品种权交易与推广。

客户压力：①缺乏核心亲本；②育种材料易流失；③缺乏合作与推广网络；④成果变现难。

核心客户：约占20％（20～40家，在南繁实名登记的高校有18家），这部分高校有以下特点：①已育成品种，将品种优化和变现成为其重要目标；②属基础研究型机构，重在分子机理研究，平台的开放实验室和试验基地对其有一定的吸引力；③倾注科研，但关注市场不足，成果转化率不足20％；④不善于处理种业领域的知识产权纠纷，不善于处理与农户的种子质量纠纷；⑤SCI和科研项目导向；⑥科研经费有保障。

6. 下游农业企业

属性：平台的使用方与价值共创方。

数量：10 000～20 000家。

付费意愿：总体无。

付费能力：总体弱，极少企业具备超高付费能力。

付费因素：平台信息丰富性；数据的翔实性；合作与交易的通畅性。

客户需求：①平台的网合能力；②价值共创与价值共享。

客户压力：①市场竞争白热化；②投资高、市场开拓易被跟仿；③商业机密易泄露。

核心客户：约占1％（100～200家）。这部分企业有以下特点：①有一定的品牌运营能力；②有良好的营销网络；③对专有品种的渴望；④有资金实力，有长期投资的准备。

（二）价值主张与创造

价值主张与创造要紧紧围绕需求、满足需求，甚至创造需求。

1. 育种者需求

基本型需求：包括安防和水电有保障的科研试验田，快速无见面南繁登记，便捷的南繁检疫服务、种子进出岛（境内）绿色通道。

期望型需求：种质资源获取与交换，提供 DUS 测试、VCU 测试，植物新品种权申请以及品种审（认）定登记通道，生物技术与检疫科技支撑（实验室），交流与合作，良好的住宿与工作条件。

兴奋型需求：南繁试验数据权威化认定，AI 育种平台，创投基金与科研项目支持，成果转化转让服务，人才政策。

2. 种业企业需求

基本型需求：育种材料的安全，高标准南繁试验田，便捷的南繁登记与检疫服务，种子进出岛（境内）绿色通道。

期望型需求：育种材料的引进与交换，DUS 测试、VCU 测试、植物新品种权申请以及品种审（认）定登记通道，生物技术与检疫科技支撑（实验室），交流与合作。

兴奋型需求：南繁试验数据权威化认定，AI 育种平台，市场管理与服务，创投基金与科研项目支持，成果转化转让服务，享受高新技术企业政策，品种多区域生态试验网络。

3. 生物技术企业需求

基本型需求：稳定的种业合作方，出售测序、表型鉴定、基因型鉴定、基因芯片等服务。

期望型需求：CRO 式的研发委托，拓展技术应用场景。

兴奋型需求：产学研深度合作，分享种子研发后续的产业价值，并刺激拓展到更大的生物技术产业应用场景。

4. 科研院所需求

基本型需求：育种材料的安全，高标准南繁试验田，便捷的南繁登记与检疫服务，种子及科研材料进出岛（境内）绿色通道。

期望型需求：育种材料的引进与交换，DUS 测试、VCU 测试、植物新品种权与知识产权申请以及品种审（认）定登记通道，生物技术与检疫科技支撑（实验室），交流与合作。

兴奋型需求：南繁试验数据权威化认定，AI 育种平台，科研项目支持，成果转化转让服务，提供研究生培养指标且给予专项培养经费的支持，品种多区域生态试验网络。

5. 高等院校需求

基本型需求：育种材料的安全，高标准南繁试验田，便捷的南繁登记与检疫服务，种子及科研材料进出岛（境内）绿色通道，学生实训。

期望型需求：育种材料的引进与交换，DUS 测试、VCU 测试、植物新品种权与知识产权申请以及品种审（认）定登记通道，生物技术与检疫科技支撑（实验室），交流与合作，学生就业。

兴奋型需求：南繁试验数据权威化认定，AI 育种平台，科研项目支持，成果转化转让服务，品种多区域生态试验网络，提高研究生招生指标且给予专项培养经费的支持。

6. 下游农业企业需求

基本型需求：优良种子的经营，良好的农产品销售渠道。

期望型需求：优良种子的排他性经营，农产品品牌经营以及种子经销。

兴奋型需求：分享种子科研与销售的持续性收益。

（三）价值获取与传递

国家南繁硅谷平台通过服务育种家及其背后的科研院校、企业，通过与企事业单位、中介组织、协会组织的深度合作，建立南繁产业领域的深度产学研合作，促进知识分享和价值分享，加速产业链和产业集群的培育与发展。国家南繁硅谷平台及其子平台的价值获取在于提供科技服务。其中，公益性平台的价值获取在于价值传递与分享，整体提高社会经济效益，在于提高育种家和企业家的创造活力，在于提升中小微企业创业活力、创新活力；非公益性平台的价值获取在于提供优质的科技服务、中介服务，在于提升南繁产业链的价值，实现价值增值。

1. 渠道通路与创造收益　平台的财政资金支持包括科技部、农业农村部、发展改革委员会等部门以及三亚崖州湾科技城管理局等项目的经费资助和设施设备、平台运行等补助，人才引进安置补贴补助，知识产权、高新企业等创新补贴补助。要改变财政资金支持国家南繁硅谷平台策略，主要是以结果导向为主、政策引导为辅的财政支持政策，变革财政支持方式。策略变革重在减少灰色地带和人情关系干扰，构建公平、公正、透明、合理、高效的财政支持体系。围绕战略目标鼓励揭榜挂帅式的竞争，避免项目或课题遴选的人为干扰，科学编制申报指南，设计科学公平的遴选机制，可采取持续资助团队＋项目招标制相结合的方式；围绕战略目标设置"比武"式的擂台赛；围绕战略目标设置达标式的公开申请资助；围绕战略目标进行绩效考核奖励。

平台的市场运作营收包括科技服务、咨询辅导等收费，成果转化转让的价值增值，项目合作或委托的服务收益。子平台不同，市场运作营收也有所不同。要创新市场运作模式，其共性的市场运作在于增强平台对用户的黏性，黏性的产生在于构筑大数据平台，辅助用户在科研生产销售各个环节的科学决策；还在于 AI 科研决策系统，提高科研效率和精度。有些子平台就不太适合市场运作模式，如管理服务平台。大部分子平台介于财政资金支持与市场运作之间，如 DUS 测试平台和 VCU 测试平台等，既有财政支持，又有市场化收费。但投融资金融平台就需要采取完全的市场化运作。

2. 价值增值传递与分享　国家南繁硅谷平台及其子平台通过刺激原始创新和集群协同创新、盘活研发成果和知识价值、联通产学研加深合作、创业活跃连接市场，满足市场差异化需求，实现种业与生物技术领域的价值增值、价值分配、价值传递与分享，包括人才价值提升、企业活力提升和产业能力提升。

国家南繁硅谷平台及其子平台通过科技服务，输出知识、技术、技能、数据，帮助用户实现资源资本化、资本市场化，帮助用户提升其科研能力、创新能力、创业能力、产品质量、工作效率，从而实现服务双方的价值增值，带动价值传递。信任是实现价值传递的基础，实现价值传递与分享首先要解决技术保密与技术分享的矛盾、知识免费与收费的矛盾、知识传递与人才不足的矛盾，和解决分子育种与传统育种桥接的问题。这些均需要建立起基于参与的信任合作机制，详见第三章第九节的论述，解析细化信任合作的 3 个维度，即合作维度、参与维度和信任维度（图 6-11）。

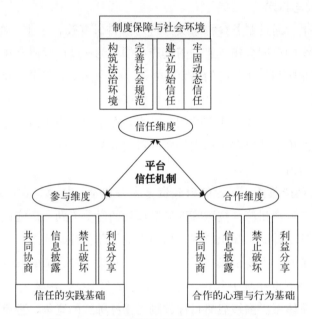

图 6-11　国家南繁硅谷平台信任合作机制

首先，确立起基于目标导向的合作维度。确立良好的合作行为是建立初始信任和牢固动态信任的心理与行为基础。合作维度包括基于互相尊重的共同协商机制，执行运作透明的信息披露机制，禁止破坏、严守契约精神的文化氛围与法制保障，实行利益分享的合作原则。

其次，建立起基于信息传递的参与维度。参与是建立关系、磨合合作、了解与认同信任的实践基础。参与的向度、广度、深度和强度直接关系合作和信任程度，参与程度要与合作程度、信任程度进行适度匹配。参与的向度即参与的方向性与切入角，为参与设计出共同遵守的定位；参与的广度即参与的范围，明确参与的边界，确保安全距离；参与的深度即参与的深浅程度，明确参与的质量要求、参与质的飞跃的驻点；参与的强度即参与的频率。

最后，建立起基于合作实践的信任维度。从社会环境与规制视角看，信任还得有制度手段予以保障；从个体与组织自身视角看，信任还得依靠当事方能力、诚意与声誉等特征进行动态评估；从血缘、地缘、学缘与业缘及其动态视角看，信任作为一种社会关系，最佳的信任要建立起当事方的共同价值观，共同推动关系向前发展。

（四）活动边界与范围

打造国家南繁硅谷平台生态圈，通过目标协同、资源协同、治理协同、利益协同，让育种家获益、让企业获益，培育国家南繁产业，力促形成南繁产业链和南繁产业集群，从而拉动区域经济发展，并且在自由贸易港的加持下，面向"一带一路"，开展跨国合作，开拓国际市场。

国家南繁硅谷平台由管理服务平台、科技创新平台、投融资金融平台、产业化平台、数据与交易平台、国际发展平台六大类平台组成，六大类平台均有不同的功能模块。三亚崖州湾南繁管理局要将管理服务平台以及其他五大类平台中，诸如科学数据库、科技评价、中转基地等纳入直接管理，其他子平台可以通过联合联办或者委托外包的形式纳入间接管理，尤其是借助南繁产业链和南繁产业集群培育的平台需要进行委托外包。

（五）战略与风险控制

国家南繁硅谷平台战略控制即实现比较优势获得与持久性。2021 年 6 月，海南省人民政府冯飞省长参加中共海南省委七届十次全会第十小组的分组讨论时提出，全力推进政策落地见效，把政策优势转化为自由贸易港功能优势、区域比较优势和改革开放优势。形成三大优势同样适宜于国家南繁硅谷平台战略控制。通过打造国家南繁硅谷平台，形成南繁硅谷的功能优势，并扩大崖州湾在种业和生物技术领域的区域比较优势；通过国家南繁硅谷平台政策创新、制度创新、组织创新、管理创新、流程创新，实现南繁硅谷在种业和生物技术领域改革开放优势，真正形成平台独特的价值网络。

南繁科技城投资巨大，需要未雨绸缪，提前布局管控。国家南繁硅谷平台的风险控制，就是要避免平台建设与需求脱节以及过度超前投资，避免投资以及预算与战略目标脱节，避免投资难以发挥设计目标甚至发生无效投资，避免滋生官僚主义、形式主义。尤其是预算与投资强度在匹配战略的同时，要与人才团队匹配，避免过度超前投资导致资金浪费。平台的风险控制要严格遵循风险分析与关键点控制（图 6-12），维护价值网络与商业模式。平台构建与运营要结合情景分析①，提出措施和项目等决策后，进行落地可行性分析和可操作性分析，找出落地瓶颈，预防战略与执行脱钩。

关键控制点分析法[8]借用国际食品安全保证体系 HACCP②中的 CCP（Critical Control Point，关键控制点）的思路对措施、项目以及考核指标等具体决策进行风险点、瓶

---

① 情景分析法（Scenario Analysis），也称前景描述法，是指基于对经济、产业或技术的重大演变提出各种关键假设的基础上，对未来详细地、严谨地推理和描述，来构想未来各种可能的方案。其主要步骤为分析影响因素、识别关键因素、构建发展主要情景和选择战略方案。

② HACCP（Hazard Analysis Critical Control Point，危害分析与关键点控制）表示危害分析的临界控制点。

颈分析以及进行 F. U. T. U. R. E[①] 等压力测试，形成决策与行动的快速迭代，以便有效有力地监控风险。

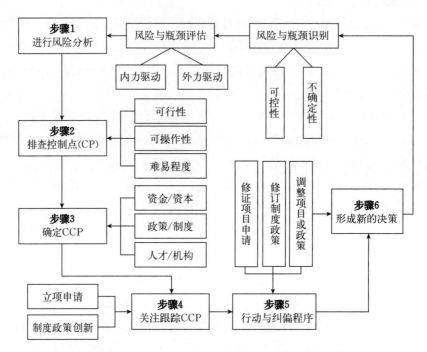

图 6-12　决策 CCP 分析法

　　① F. U. T. U. R. E 压力测试是由未来学家艾米·韦布（Amy Webb）设计的工具，是针对预测结果进行压力测试评估的工具，F 指 Foundation（支持的基础）、U 指 Unique（价值的独特性）、T 指 Track（追踪趋势的路径并能衡量结果）、U 指 Urgent（能传递趋势的紧迫感）、R 指 Recalibrate（可对策略进行改进调整）、E 指 Extensible（适应未来的可拓展性）。

第二节　创新创业平台 BEM 战略解码

战略解码的过程是战略目标从定性到定量的过程，最大限度地用数据、规范标准来详细描述目标任务，准确、高效、有力地衔接战略与执行，以可视化的方式辅助全体员工执行战略，实现战略落地。战略解码关键在于公司战略（年度）量化及绩效考核 KPI 量化或者 OKR 量化、部门依据公司战略（年度）计划进行部门化 WBS 以及部门主管 PBC 考核量化、员工编制岗位 PBC（个人绩效承诺），以实现关键过程及输出，见图 6 - 13 和表 6 - 7[9]。

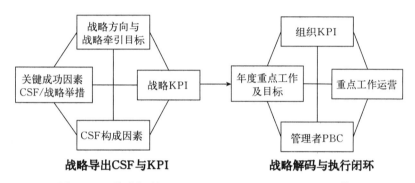

图 6 - 13　战略解码 BEM（Business Execution Model）模型

表 6 - 7　平台以及子平台战略解码的主要事项

平台→	平台一级部门→平台二级部门	→员工①
1. 使命、愿景、目标 2. 平台战略澄清图 3. 平台战略规划 SP 4. 平台平衡计分卡 BSC/KPI 设计 5. 平台年度重点工作	1. 解码学习：部门使命、愿景、定位 2. 撰写述职报告 3. 撰写业务规划 BP、部门 PBC 4. 制定部门 WBS 计划以及指标责任分解矩阵 5. 输出部门指标定义及报表	1. 编写岗位 PBC Win 部分 2. 编写岗位 PBC Execute 部分 3. 编写岗位 PBC Team 部分 4. 编写 PBC 关键事件

一、战略导出

（一）澄清组织战略

利用基于平衡计分卡的战略地图工具描述和衡量战略，从而澄清战略，达成战略共识，实现逻辑协同。国家南繁硅谷平台有别于一般的企业组织，在一定程度上介于企业与政府，更偏向于企业组织。平台战略澄清同样可以用平衡计分卡（Balanced Score Card，

---

① PBC Win 部分要明确对结果目标（绩效）进行承诺；PBC Execute 部分要明确对执行措施（方法路径）的承诺；PBC Team 部分要明确团队对内对外的承诺，对内约定团队运作的方式、责任和操作标准，对外强化协作。

BSC）在资金（财务）层面、干系人（用户）层面、内部与流程层面、学习与成长层面 4
个层面对平台战略分别予以澄清[10-11]，其中，资金（财务）层面强调现在收入表现，关
注于平台创新能力、孵化能力的培养以及基于平台生态的创新 PI 团队与中小微企业成长，
重点优化基于预算的资源配置与再配置的项目与经费支出结构、提高科研设施设备等资源
利用率、强化平台及子平台自身造血的营收能力、实现价值共创并提升客户价值；干系人
（用户）层面强调与外部的关系，关注于细分客户的价值主张，确定并满足客户个性化与
差异化的需求，确立良好的客户（伙伴）关系，相关服务和产品在相关干系人中建立影响
力；内部与流程层面强调内部运作，由流程层面和创造协同关系组成，流程层面重点关注
创新流程、客户管理流程、运营管理流程、法规与社会流程，创造协同关系则根据流程层
面的协同做好战略协同、组织变革支持、数据支撑；学习与成长层面强调着眼于未来，重
点夯实信息资本、人力资本、组织资本。

　　建立国家南繁硅谷平台战略地图（图 6-14），同样需要遵循平衡各种力量的矛盾
（如短期与长期、投入与业绩、资源占有与分配等矛盾）、以差异化的客户价值主张为基

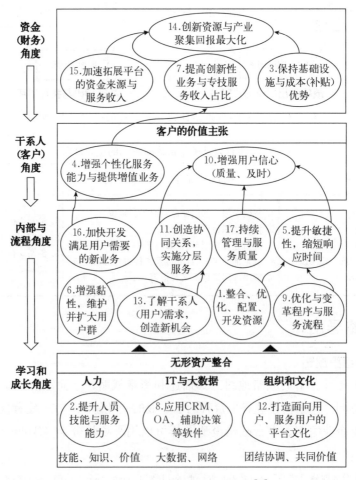

图 6-14　平台战略地图（概要）[11]

础、战略包括几个并存的相互补充的主题、价值是通过内部业务流程来创造、战略的协调一致决定了无形资产的价值（人力资本、信息资本、组织资本与战略的协调一致）的五大原则；同时要构建 4 个层面之间明晰的因果关系、协调好短期战略与长期战略，打造知识型组织，体现无形资产对战略执行的支撑[11-12]。不同的组织战略，其战略地图也有所不同，如产品领先战略地图、全面客户解决方案战略地图、总成本最低战略地图、系统锁定战略地图等[12]。国家南繁硅谷平台战略地图既要实现产品与服务领先，又要能提供全面客户解决方案。

（二）明确战略举措

根据战略方向和战略地图，明确战略举措。战略举措要有清晰的名称、核心思路、里程碑、完成时间、责任人、评价方法和支撑资源[13]。战略举措在战略地图分析的基础上，利用"因素-结果"图或称鱼骨图列出成功因素，再用 AHP 层次分析法等分析筛选关键成功要素（Critical Success Factors，CSF，或者 Key Success Factors，KSF）（表 6-8）。CSF 构成要素包括输入资源（Input）、重视过程（Process）、输出什么（Output，服务、产品、制度、良好反响）和基于内部外部的视角达成的效果或成果（Outcome）。结合国家南繁硅谷平台的战略规划，通过各类组织联系国内外的科研院校、高新技术企业和投资机构，为建立更为广泛的产学研中金合作网络奠定基础，落实战略举措，加速战略导出。

表 6-8 国家南繁硅谷平台战略举措

BSC 层面	战略举措	战略举措描述
资金（财务）层面	效率	1. 全面预算管理，保障项目与预算支出与战略目标高度匹配
		2. 提高资源利用效率，避免过度超前购置设施设备，避免资源配置与人才团队不适配
		3. 缩短项目周期，加速平台及子平台投入尽快发挥作用
		4. 降低运营成本和采购成本
		5. 加强资金管理体系建设
		6. 定期完成平台整体运作指标报告
		……
	成长	1. 保持基础设施与成本（补贴）优势
		2. 加速拓宽平台的资金来源与服务收入
		3. 提高创新性业务与专技服务收入占比
		4. 吸引社会资金、外省资源资金进入
		5. 拓宽融资渠道
		6. 力促创新资源与产业快速聚集，形成战斗力
		……

（续）

BSC 层面	战略举措	战略举措描述
干系人（用户）层面	产品与服务	1. 明确客户定位，进行平台产品与服务细分
		2. 增强个性化服务能力与提供增值业务
		3. 优化平台服务与产品设计，提高服务质量及收益
		4. 增强服务传统育种的能力与公信力
		5. 拓展生物育种的应用场景
		6. 实验设计与技术服务
		7. 各类测试服务
		……
	关系	1. 增强用户信心（服务周到，完成质量高、及时）
		2. 建立良好的信任机制
		3. 建立运用客户关系管理 CRM 体系
		4. 增强用户黏性或依赖性
		5. 形成价值共创关系
		6. 引进相关国际组织入驻，增强对外联系
		……
	形象与影响	1. 打造种业与生物技术创新高地，吸引更多机构入驻
		2. 建立标准化的质量管理体系，树立权威印象
		3. 引进或建立各类奖励基金，增强知名度
		4. 打造高教培养基地的形象，增强对人才的影响力
		……
内部与流程层面	创新流程	1. 了解干系人（用户）需求，创造新机会
		2. 加快开发满足用户需要的新业务
		3. 创新创业指导
		4. 创新科技服务新业务
		5. 合理设计科技项目计划指南
		6. 创新研发理念，提高科技服务竞争力
		……
	运营管理流程	1. 创造协同关系，实施分层服务
		2. 建立标准化服务与合作体系，持续提高管理与服务质量
		3. 整合、优化、配置、开发资源
		4. 制定和规范科技服务标准
		5. 拓展多元资金投入方向
		6. 建章立制，完善内控机制
		……

（续）

BSC 层面	战略举措	战略举措描述
内部与流程层面	客户管理流程	1. 增强黏性，维护并扩大用户群
		2. 提升敏捷性，缩短响应时间
		3. 优化与变革程序与服务流程
		4. 建立长期产学研合作制度，提高合作效率
		……
	法规与社会流程	1. 社区合作伙伴
		2. 尊重环境
		3. 关注员工安全与健康
		4. 成为最佳雇主
		……
学习与成长层面	人才资本	1. 建立科学的绩效考核制度
		2. 建立岗位及任职体系
		3. 建立员工教育培训与人才成长体系
		4. 建立员工晋升通道
		……
	信息资本	1. 建立数据化管理平台，数据化管理任务进度和质量标准化
		2. 优化与智能化管理系统，辅助决策
		3. 建立网络平台，建立通道，网合资源
		……
	组织资本	1. 建立有效高效的管控机制
		2. 倡导绩效导向的企业文化
		3. 提高员工满意度和敬业度
		……

（三）战略 KPI

战略绩效管理主要工具有关键绩效指标 KPI（Key Performance Indicator）。KPI[14] 是平台战略目标经过层层分解而产生的关键的、最直接的、可操作的、客观的战术目标，是衡量员工工作表现的量化指标。战略 KPI 要根据战略相关性、可测量性、可控性和可激发性 4 个评估标准进行筛选。KPI 考核是由上而下逐层分散下达（员工实现目标以外驱力为主，内驱力为辅），由组织利益与个人利益达成一致，完成平台战略目标，但对于难量化的指标，难以考核且缺乏弹性，不利于协同和创新。KPI 考核表见表 6-9。

表 6-9　KPI 考核表

BSC 板块	主题	指标	子指标
资金（财务）层面	R&D 投入	GDP 占比	政府科研投入值
			社会科研投入值
	……		
干系人（用户）层面	产学研联盟	产学研稳固性与覆盖率	合作科研平台数量
			企业研究院数量
	……		
内部与流程层面	子平台联通性与紧密度	平台间的联系特性	资源共享机制
			子平台合作频率
	……		
学习与成长层面	教育培训机会	员工受训率与强度	教育培训频率
			教育培训人员覆盖率
	员工队伍稳定	员工流失率	高层次人才流失率
			其他人才流失率
	……		

二、战略解码

（一）战略解码原则[10]

垂直一致性。以平台战略 SP 和部门业务目标 BP 为基础，进行自上而下的垂直分解，从平台高层到部门到岗位再到个人，保证 PBC 承接的一致性，形成闭环，实现对平台战略和业务目标的支撑。

水平一致性。以平台端到端的业务流程为基础，建立起部门间、团队间的连带责任和协作关系，保证横向一致性，实现对业务流程的支撑。

均衡性和导向性。均衡考虑选取指标，充分体现部门的责任。同时，要结合平衡记分卡，紧扣平台战略导向和部门责任，科学选择指标。

贯标落实责任。全面贯彻落实部门对上级目标的承接和责任，真正展现三亚崖州湾科技城"店小二"的服务精神，遵循可衡量性、重大影响、可操作性、平衡性绘制 KPI 指标责任分解矩阵，为主管个人绩效 PBC（Personal Business Commitment，PBC，又称个人绩效承诺）确定提供依据。

（二）组织绩效考核

平台组织绩效管理要能够承接战略要求，支撑平台战略的层层落实以及实现组织间以及团队间的协同运作，建立起闭环管理机制，基于 SP 和 BP 以 KPI 的形式呈现（表 6-9）。要在 KPI 考核指标中，增加人才流、资金流和知识流的监控指标。平台运行过程中会产生很多的"流"，如信息流、资金流、人才流、物资流和知识流，其中人才流、资金流和知识流是平台运行和考核的核心指标。资金流不仅能表明平台良性运行情况以及平台利益相关者价值流动，还可以用于分析平台利益相关者间的利益关系；知识流不仅能表明平台利益相关者合作能力和信任程度，还可以用于分析平台利益相关者间的联合机制[15]；人才流表明了平台对人才的吸引力，代表未来发展潜力。

（三）年度目标与工作计划

进一步细化初建阶段、发展阶段和成熟阶段 3 个阶段的发展，将阶段目标年度化甚至季度化。目标与关键成果 OKR（Objective and Key Results）工具结合 KPI 工具较为适合描述贯通年度目标。

国家南繁硅谷平台及子平台采取 KPI 还是 OKR，主要看平台的功能与战略目标的实现路径，比如对于创新性岗位或部门主要采取 OKR 进行考核，对于管理性岗位或部门主要采取 KPI 进行考核。不论是 KPI 还是 OKR，制定目标需要采用 SMARTER 原则①，KPI 工具有助于分解战略，OKR 工具有助于能动地执行战略。

OKR[16]是一套严密的思考框架和持续的纪律要求，目的在于确保团队以及员工紧密协作，把精力聚焦在能够促进组织成长与进化的、可衡量的贡献上。OKR[17]是基于目标任务完成率，将目标分解为若干关键成果（KR）作为阶段性目标，依据项目进展来考核的一种方法，包括目标（O）②和关键成果（KR）③。OKR 强调自我管理与价值实现（内驱力为主，外驱力为辅），将自上而下与自下而上相结合，实现充分的沟通，提高了员工的主动性和能动性，有助于管控过程，但对领导能力和沟通要求严格，加重了工作量，增加了考核的难度与工作量。OKR 考核表见表 6 - 10。

表 6 - 10　OKR 考核表（近 1 年内）

目标（O）	关键成果（KRs）	KR 权重	KR 分值	O 分值
构建平台信任机制，建立产学研合作的心理基础，支持建设育种 4.0	掌握兰伯特工具包，并基于海南自由贸易港进行中国化	40%		100
	在有关部委局的支持下，组建产学研联盟	40%		
	……	20%		
建立各类科技创新平台和产业化平台，建立产学研合作的行为基础	对标国家实验室建设崖州湾种子实验室，完成新型事业单位建设	40%		100
	打通投资融资渠道	30%		
	……	30%		

① SMARTER 原则来源于 Peter Drucker 的著作《管理的实践》。S 代表 Specific（明确性，即目标要具体）、M 代表 Measurable（可衡量性，即可以量化）、A 代表 Attainable（可达成性，即可以完成又具挑战性）、R 代表 Relevant（相关性，即与目标和职责相关联）、T 代表 Time - bound（时限性，即具体的达成时间）、E 代表 Evaluate（评估，即对指标进行评估）、R 代表 Reevaluate（再评估，即经过多次评估实现考核指标的科学性和合理性）。

② O 的选择标准有：鼓舞人心、可达成、内部可控、产生（商业）价值、定性描述、以季度为周期。

③ KR 的判断标准有：要驱动正确的行为、具体的、有挑战的、上下左右对齐一致、自主制定、定量的、基于进度的（时限）。并且与 KPI 一样通过 KR 打分（权重）传达指标要求。

（续）

目标（O）	关键成果（KRs）	KR 权重	KR 分值	O 分值
争取中央、部委以及海南省、三亚市等各级政府财政支持，形成机制	争取入驻崖州湾的企业和科研院校获得相关部委项目支持	40%		100
	平台科研经费纳入省市两级财政预算	40%		
	……	20%		
资金使用效率，资金支出成果回报	投入产出论文量	20%		100
	投入产出 TOP 论文量	20%		
	投入产出专利数	20%		
	投入产出人才培养量	20%		
	……	20%		
……	……			100

（四）管理者 PBC

主管个人绩效 PBC 在组织绩效管理 KPI 的基础上，主要围绕结果、执行、团队及其严密的逻辑关系，制定详细的承诺。PBC 目标设定在于逐级驱动员工对业务全面深入的思考，确保每个员工均能方向清晰，共识明确，共力执行组织战略。管理者 PBC 包括能承载全部的组织目标且能体现个人的独特价值，带领团队实现目标的同时，承担人员管理职责、承诺承接部分跨部门重点工作[18]。

PBC 承诺书由 PBC 结果目标承诺 Win、PBC 执行措施承诺 Execute、PBC 团队承诺 Team 以及关键事件等组成，完成目标分解，形成"人人有目标，人人要考核，人人要汇报"的机制[19]。目标包括业务目标、员工管理目标和个人发展目标，其中，业务目标来自部门 KPI 和年度 OKR，员工管理目标在岗位职责的基础上承担相应的业务目标，个人发展目标是基于职业发展与目标设定相关关联。以两个代表性子平台 PBC 考核表为例，见表 6-11 和表 6-12。

表 6-11 南繁硅谷管理服务平台管理者 PBC 考核表（概要）

目标承诺			权重（%）	评价
结果目标承诺 Win	季度目标承诺	1. 组建国家南繁硅谷平台的组织管理体系，5 个月内完成	20	
		2. 引入建立信息管理系统，10 个月内完成		
		3. 建立全面预算体系，4 个月内完成		
		4. 建立入园企事业单位与人员档案体系		
	服务承诺	1. 实现一站式服务，建立 ISO 等体系	35	
		2. 真正的"店小二"式专业服务		
		3. 主动出击，引入与战略目标配适的人才团队		
	改进承诺	1. 逐步实现全程信息化办公与审批	15	
		2. 促进信任机制发挥作用		

（续）

目标承诺		权重（%）	评价
执行措施 承诺 Execute	1. 培训学习，熟悉平台运作的质量管理体系	20	
	2. 招标选择信息系统开发商，优化开发指标		
	3. 与省、市财政等联系，提供各平台预算支持		
团队承诺 Team	1. 全心全意服务好各子平台	10	
	2. 打通各子平台联系接口		
总体评价			

表 6-12 南繁硅谷科技创新平台管理者 PBC 考核表（概要）

目标承诺			权重（%）	评价
结果 目标 承诺 Win	季度 目标 承诺	1. 每年引入 10 家科研院校入驻，每家单位 3 个团队以上	25	
		2. 筹备设立 10 个以上省部级（工程/重点）实验室，3 个月内完成材料准备以及对上沟通		
		3. 规划南繁北育协同创新体系，谋划全国乃至全球生态试验点，8 个月内完成		
		4. 构建设施设备数据等科技资源共享机制		
		5. 基于物联网和安防要求，建设 20 个标准的、安全的、稳定的科研试验基地		
	服务 承诺	1. 建立各科研平台联席制度，促进跨学科交流与合作	30	
		2. 统筹实验垃圾处置		
		3. 保护用户的隐私和数据安全		
		4. 实现平台资源在线申请与共享		
	改进 承诺	1. 引入权威第三方机构评估平台运行的安全性、权威性以及标准化程度	10	
		2. 逐步实现信息化管理，透明共享资源		
执行措施 承诺 Execute		1. 强化平台使用标准化，确保设施设备使用安全，提高利用效率	25	
		2. 强化设施设备采购论证，避免资源配置科学化、合理化		
		3. 建立专家委员会，提供专业支持		
		4. 组建专业能力强的科研与项目管理机构，协助平台科研创新管理		
		5. 建立平台运作考核体系，加强对平台运维的评价		
团队承诺 Team		1. 引入复合性人才，提供专业化服务	10	
		2. 提供与其他子平台联系的接口		
总体评价				

第三节　创新创业平台 BLM 执行框架

一、关键任务及依赖关系

关键任务是指在执行过程中直接关联人员、财产、过程或环境，并可能影响战略目标实现与否的工作或行为或条件[20]。在 BLM 框架下，关键任务是连接战略、承接战略解码、具体执行指南，是执行的基础。关键任务指要支持价值主张实现与业务设计落地的具体核心任务或重要运营流程，并能按年度、季度进行衡量。关键任务类似于项目管理（Project Management）工作分解结构（Work Breakdown Structure，WBS）中的工作包（Work Package）①，同样要明确责任人与预算甚至收入、人力等资源占用或消耗、完成时间（里程碑）、可描述交付的成果，要编制任务指导书，要理清关键任务之间的依赖关系，即集合型依赖关系、继起型依赖关系、交互型依赖关系②。

国家南繁硅谷平台由 6 类子平台构成，每一个子平台的创建运营可拆分为若干个关键任务，为实现对关键任务的及时管控，要编制关键任务计划责任表（表 6 - 13），通过关键任务依存关系将各关键任务串接起来，建立起各子平台的工作分解结构。

表 6 - 13　关键任务计划责任表举例（202＿＿年度）

关键任务名称：　　构建南繁北育试验体系　　　　　　　　　　　负责人：＿＿＿＿＿＿＿

资金需求（万元）	第一季度	第二季度	第三季度	第四季度
人力需求（人）	第一季度	第二季度	第三季度	第四季度
收入预测（万元）	第一季度	第二季度	第三季度	第四季度
与其他关键任务依存关系				

---

　　① 工作包是工作分解结构中的最底层元素，是较容易识别的、最小的"可交付成果"，且工作包与工作包之间有明晰的逻辑关系。

　　② 集合型依赖关系是指任务之间不存在直接的逻辑关系；继起型依赖关系是指两个任务之间直接关联，前一个任务结束才能够发起下一个任务；交互型依赖关系是指多个任务呈网络关联式交叉继起型依赖。

（续）

主要工作分解	关键里程碑		负责人	完成日期
南繁北育省部会商机制	① 海南与各部委签署关于支持海南构建南繁北育体系的备忘录 ② 海南与主要北育省份签署关于共建南繁北育体系的备忘录，建设穿梭育种基地 ③ 在全国联建开放式 20 个东南西北中穿梭育种科研基地 ④ 南繁北育机制覆盖 20% 的南繁机构，加速种业行业聚集			
南繁北育省省会商机制				
南繁（海南）基地				
河西走廊（甘肃）北育基地				
京津冀（北京）北育基地				
环渤海（山东）北育基地				
长三角（上海）北育基地				
南繁（云南）基地				
联接区域试验基地				
资金及人力需求说明	协作关联矩阵			
	协作事项	运营	产品与服务	
主要开支在于联建 20 个穿梭育种科研基地。需要 3 名专人负责体系运作	农业农村部门	跨省合作		
	发展和改革委员会	基地建设		

二、正式组织

（一）平台治理模式

依据投资主体和运营主体的差异，创新创业平台的治理模式可分为单治理中心治理模式和多治理中心治理模式，不同治理模式有显著不同的消费竞争性与受益排他性（图 6 - 15）[21]。其中，单治理中心治理模式包括政府出资的公共型治理模式（如平台型的事业单位）、企业出资的私有型治理模式（如企业研究院）、政府与企业共同出资的混合型治理模式（如景德镇特种工业陶瓷技术研究院）；多治理中心治理模式包括通过契约式联盟的俱乐部型治理模式（如国家水稻良种重大科研联合攻关制度下种子企业签约

图 6 - 15　创新创业平台不同治理模式消费竞争性与受益排他性特征

实质性派生品种保护制度、海尔 HOPE 平台）、通过政产学研联盟的网络型治理模式（如对标国家实验室，山东省打造的青岛海洋科学与技术试点国家实验室、浙江省打造的之江实验室与江苏省打造的太湖实验室）。

要根据不同的治理模式、内外部环境、战略目标和功能定位，同时重点分析所采取治理模式的消费竞争性与受益排他性的高低，来研究决定正式组织架构和组织方式。就当前国家南繁硅谷规划与建设的战略需求以及种业实际，国家南繁硅谷平台及其子平台主要以

财政主导混合型、公共型等单治理中心治理模式以及网络型等多治理中心治理模式，并构造"过程型组织①为主＋职能型组织为辅"的组织形态，确保组织更加灵活便捷、自发自主和人性化，强调服务过程以及服务保障。

（二）平台组织间关系

组织间关系（又称组织际关系，Inter - Organizational Relationships，IORs）是资源依赖理论等研究的重点。组织间关系是指一个组织在所处环境中与另一个或多个组织之间发生相对较持久的交易、流动与联结，从而形成的互动模式[22]。国家南繁硅谷平台服务的对象主要是企事业单位等各类组织，且涉及官产学研中金合作，组织间关系直接影响了平台的运作效率和质量，要帮助平台建立起科学的组织间关系治理机制，建立起稳固的合作共同体和组织间合作网络。建立国家南繁硅谷平台可以帮助平台相关干系人通过跨越组织边界的组织间战略联盟、产学研合作或关系网络，获得外部来源的知识、信息、技术等资源，并反过来加密、加深组织间合作。营建良好的共生共赢的组织间关系，符合企业可持续发展的需要（图6-16）[23]。

知识作为重要的创新资源，是编织组织间依赖关系的重要基础。

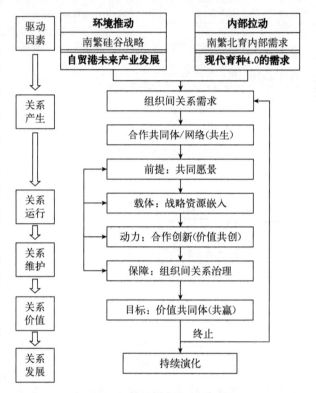

图6-16　平台组织间关系发展框架

在知识经济时代，知识整合与资源互补成为组织最为重要的能力，组织间的知识互动与资源依赖塑造了组织间关系。组织知识活动由知识利用和知识开发两项内容组成，知识利用和知识开发强度决定了组织间知识互动方式，即单向交流→双向交流→共同创造等[24-25]。组织间关系治理的重点是建立起实现组织间关系整体控制、协作与沟通乃至提高组织间关系效能的制度性规划[26]。英国政府开发的兰伯特工具包就提供了标准化的组织间关系制度性规则。

跨组织合作要建立筛选机制（重在建立信息完备的数据系统与档案系统，并有清晰的合作目标）、社会化机制（重在无形交换的信用机制）、共享机制（重在有形交换的知识、

---

① 过程型组织（Process - Oriented Organization）是以业务流程为中心的组织形态，强调效率、节奏和应变能力的组织结构设计。

信息和人员交换）和反馈机制（重在评估和修正）4 个基层机制[25]，国家南繁硅谷平台重点关注 3 类组织间关系。一是官产学研合作关系，以知识等创新资源流动为核心，建立起价值共创的组织间关系，要注重基于信任与契约的合作以及基于权威与契约的合作，逐步建立起企业信用体系，确保合作关系的深度和广度，以支持我国种业领域实现育种4.0。二是跨区域组织间关系，南繁涉及 30 个省（自治区、直辖市），要注重基于我国区域协同发展战略和南繁跨省合作的实际，建立起南繁北育省省合作网络，以支撑我国种业体系现代化建设。三是跨部门组织间关系，南繁涉及农业农村部、科技部、国家发展改革委、教育部、国家知识产权局、中国科学院等，要注重基于举国体制解决种业"卡脖子"问题，发挥海南自由贸易港在制度创新方面的优势，以支持种业和生物技术领域先行先试。国家南繁硅谷平台要在组织间关系上做足功课，在制度创新、人力资源配置等方面争取将多方创新资源注入三亚崖州湾科技城。

（三）平台组织构架

国家南繁硅谷平台组织结构主要聚焦实现中枢功能、管理功能、业务功能和配组功能4 个方面功能，极力促成主体协同和要素协同。为了对标建设更加柔性的平台生态圈，如图 6-17 的虚拟平台组织构架，这一构架更侧重于官产学研中金合作，适合整合各个子平台。不论是实体组织，还是虚拟组织，国家南繁硅谷平台组织结构采取网络型治理模式，基于网络，更便捷、更精准地利用平台内外的各类优势资源，群策群力地提供全方位、定制化的科技服务。

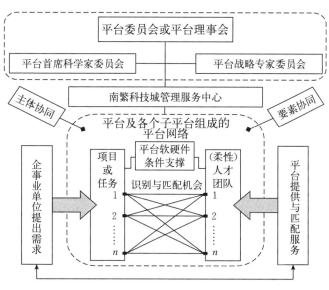

图 6-17 国家南繁硅谷平台虚拟组织结构

1. 基于战略需求与战略执行的高效通畅的中枢功能 对应中枢功能，可以组建虚拟组织国家南繁硅谷平台管理委员会或理事会，或者组织实体组织新型事业机构海南省崖州湾实验室作为最高权力机构，由影响南繁科技城的政府机构、入园的关键企事业单位共同协商组成。同时，为了强化最高权力机构的决策能力和协同能力，组建国家南繁硅谷平台首席科学家委员会和国家南繁硅谷平台战略专家委员会，以上均可用于国家南繁硅谷平台子平台的组织构架的借鉴，可采用单治理中心治理模式和多治理中心治理模式的任一模式。

平台首席科学家委员会[27]主要负责桥接技术知识、促进价值共创且实现基础与应用研究力量的接力创新，制定科技发展规划、科技项目指南，组织学术培训与行业会议等，成员由各入园的企事业单位推荐 1~4 名知名科学家共同组成，按承担的任务来支付一定数额的专家费用；平台战略专家委员会要为最高权力机构提供智库支撑和扩充外部资源对接渠道，评估诊断平台发展现状，进行制度创新和机制设计，提出决策建议，由平台内外的科学家以及经济、法律、金融、管理、IT、AI 等领域的专家组成，甚至可以依托顶级智库机构打造战略专家委员会，成员由首席科学家委员会部分成员和平台外知名专家等组成，按承担的任务来支付一定数额的专家费用。

2. 基于日常运行的资源集成配置与协调评估的管理功能　即南繁硅谷管理服务平台。如组建隶属最高权力机构，挂靠在三亚崖州湾科技城管理局的非法人机构的南繁科技城管理服务中心；或者最高权力机构经协商授权，整合资源成立国有企业海南省崖州湾实验室管理股份有限公司，作为平台的执行机构负责国家南繁硅谷平台日常管理，执行最高权力机构的决议，服务好平台首席科学家委员会和平台战略专家委员会，并建设运营管理一站式网络窗口。机构高层管理人员由最高权力机构全球招聘和任命。具体内容见"第七章南繁硅谷管理服务平台创建与运营"。

3. 基于市场需求或创造需求的项目管理或任务管理的业务功能　组建各专业子平台，如科技创新平台、产业化平台、数据与交易平台、投融资平台、国际发展平台（见第五章的图 5-1 和图 5-2），这些子平台均要纳入最高权力机构统筹协调，并接入南繁硅谷管理服务平台。各子平台可以由各单位自主建设与运营，诸如实验室、技术中心、企业研究院、大学科技园等。

4. 基于价值共创的任务团队或虚拟团队的配组功能　一是任务团队以入驻三亚崖州湾科技城的各 PI① 团队为核心，促使 PI 团队成长为大团队。PI 团队的建设既要避免高校PI 团队的松散以及聚焦程度不足，又要避免科研院所 PI 团队人才固化以及墨守成规。在三亚崖州湾科技城内探索构建科研院校与企业合作共建 PI 团队；支持入驻崖州湾的科研院所团队设立博士后工作站，支持入驻崖州湾的高校设立能获得稳定经费支持的校办研究院或者各类实验室、技术中心等。

二是可以基于或整合管理功能、业务功能等，打造任务发包网络平台，组建虚拟团队。建立信任机制，通过创新人才使用、柔性人才的整合，各类机构及其人才可以针

---

① PI 即 Principle Investigator，PI 制是一种科研的组织形式。PI 团队是以学术带头人为领导核心，适配人力、装备、资金等创新资源，以稳定的创新团队促进学科建设和加速人才培养。

对科技计划、科研项目、研究服务任务包，自由配组成临时科研团队。这种临时性可以有两种，一种是组建固定的抽调性质的团队，类似于"工作专班"，完成任务后再回归；另一种是非固定的、仍然在所在单位的团队，类似于传统的共同申报科研项目的"项目团队"。

（四）关键岗位设置

根据平台的组织构架，识别并设计关键岗位（Key Post）。关键岗位一般要具备战略贡献性、不可替代性（独特性）、岗位责任重要性和职责复杂性 4 个特征[28]，其中，战略贡献性由价值创造、技术创新、服务支撑等进行判断；不可替代性由专技要求、实践经验、文化素养等进行判断；岗位责任重要性由风险控制、成本控制、决策责任等进行判断；职责复杂性由工作难度、工作压力、协调难度等进行判断。通过 AHP 等分析法，识别出关键岗位后，需要通过胜任力评估做到人岗适配，避免任人唯亲、人岗不适；同时采取必要的轮岗制度，避免尾大不掉甚至贪污腐败等问题。

三、核心人才

平台及其子平台的核心人才主要为复合型人才、专业技术人才和管理运营人才。国家南繁硅谷平台及子平台作为专业性综合平台，尤其要重点培养、引入执行力强的复合型人才，并放置在关键运营岗位和专技岗位。

不同功能的平台，对核心人才的要求也有所不同。如管理服务平台的核心人才应主要是侧重运营的管理人才；国际发展平台的核心人才应主要是有在国际机构任职履历的外事人才；产业化平台的核心人才应主要是熟悉种业和生物技术产业培育的创业人才。

四、氛围与文化

政府要主导消除灰色地带，为开放创新的环境创造良好的营商环境。避免"圈子文化""近亲繁殖"，增强多方合作的互补性。建立科学合理的科研预算与支出的管理体系，构筑"红线"和"禁区"的科学规章制度，确保宝贵的科研经费与资源的合理利用，避免道德风险。

营造开放式创新、价值共创、利益共享、风险共担的商业氛围，营造崇尚知识、尊重知识、相互信任、服务人才的创新文化，避免科技创新领域和产业培育领域的官僚化和仪式化。宣传发扬"两弹一星精神"，为国争气、争光、争先①，树立科技自立自强的精神基础。

---

① 原子弹被称"争气弹"，氢弹被称"争光弹"，体现了科研人员的家国情怀。2017 年 5 月，设立全国创新争先奖，表明了科技人员在新时代的争先新使命。

参考文献

[1] 吴维海. 政府规划编制指南 [M]. 北京：中国金融出版社，2015.

[2] 吴维海. 全流程规划 [M]. 北京：中国计划出版社，2016.

[3] 刘志明，金哲权. 延边地区科技服务业的现状及其发展对策 [D]. 延边：延边大学，2010.

[4] 王德保. 公共技术平台分析、评价与规划的创新方法——产业链图谱技术关联性分析 [J]. 科技管理研究，2006（4）：222-224.

[5] 陈兆雪. 我国生物育种知识产权价值链创新与管理策略研究 [D]. 济南：山东科技大学，2017.

[6] 李瑾，贾娜，郭美荣，马晨. "互联网＋"种业下的产业融合与产业链分析 [J]. 浙江农业学报，2018，30（3）：479-488.

[7] 叶勇. 业务流程再造理论的全景式展示 [J]. 西安电子科技大学学报（社会科学版），2010，20（4）：39-44.

[8] 陈冠铭，曹兵，汪李平. 国家"南繁硅谷"产业规划研究与报告 [M]. 北京：中国科学技术出版社，2019.

[9] 谢宁. 华为 DSTE 开发战略到执行、BEM 业务执行力模型、基于 BLM 的战略解码介绍 [EB/OL].（2020-05-06）[2020-05-06]. https://wenku. baidu. com/view/492a9f6aa8ea998fcc22bcd126fff705cd175c6f. html.

[10] 6868 精品课件的店. 公司战略解码方法讲义 [EB/OL].（2019-07-09）[2019-07-09]. https://wenku. baidu. com/view/e99235b8fe00bed5b9f3f90f76c66137ee064fba. html.

[11] 沃德资料的店. 战略解码方法——战略地图的应用 [EB/OL].（2020-04-18）[2020-04-18]. https://wenku. baidu. com/view/9970643fa4c30c22590102020740be1e650eccfd. html.

[12] 感恩的店.（完整版）十分钟学懂战略地图 [EB/OL].（2020-08-01）[2020-08-01]. https://wenku. baidu. com/view/2469c19783c758f5f61fb7360b4c2e3f5627256b. html.

[13] 黄昌易. 合格的战略举措需包含七个要素 [EB/OL].（2019-03-22）[2019-03-22]. http://www. 360doc. com/content/19/0322/15/44564349_823399456. shtml.

[14] 丁香花 Sarah 的店. 基于战略目标的绩效管理 [EB/OL].（2019-06-19）[2019-06-19]. https://wenku. baidu. com/view/318a5eec7ed5360cba1aa8114431b90d6c858998. html

[15] 王毅，李纪珍. 企业创新服务平台组织管理体系研究 [J]. 管理工程学报，2010，24（S1）：38-46.

[16] 保罗 R·尼文，本·拉莫尔特. OKR：源于英特尔和谷歌的目标管理利器 [M]. 况阳，译. 北京：机械工业出版社，2017.

[17] 时间轴. OKR 管理术的最佳实践，解读谷歌的目标管理利器 [EB/OL].（2019-07-06）[2019-07-06]. https://news. mbalib. com/story/246934.

[18] 邓飚. H 公司个人绩效管理体系优化研究 [D]. 广州：华南理工大学，2018.

[19] 谭长春. "向华为学管理"系列（六）华为：让个人绩效承诺落地 [J]. 企业管理，2020，4（3）：34-35.

[20] 何萍. 关键任务分析 [EB/OL].（2011-12-06）[2011-12-06]. https://wenku. baidu. com/view/dd0e728183d049649b665826. html.

［21］曹丽．产业创新平台治理模式的影响因素研究［D］．南京：南京工业大学，2016.

［22］罗珉，赵亚蕊．组织间关系形成的内在动因：基于帕累托改进的视角［J］．中国工业经济，2012，4（4）：76-88.

［23］王作军，任浩．组织间关系：演变与发展框架［J］．科学学研究，2009，27（12）：1801-1808.

［24］罗珉，王雎．组织间关系的拓展与演进：基于组织间知识互动的研究［J］．中国工业经济，2008，4（1）：40-49.

［25］王恒，赵峥，康凌翔．组织间关系研究进展及我国跨组织合作有效生成机制构建［J］．商业研究，2013（11）：99-107.

［26］罗珉，何长见．组织间关系：界面规则与治理机制［J］．中国工业经济，2006，4（5）：87-95.

［27］王毅，李纪珍．企业创新服务平台组织管理体系研究［J］．管理工程学报，2010，24（S1）：38-46.

［28］魏新，曾志强．关键岗位识别指标体系与方法［J］．系统工程，2008，4（5）：111-115.

第七章

南繁硅谷环境支撑平台
创建与运营

第一节　南繁硅谷管理服务平台

一、功能定位

第五章对国家南繁硅谷平台功能定位进行阐述，要继续利用 TRIZ 九屏幕法对南繁硅谷管理服务平台进行系统性梳理，深入分析平台的功能，增强制度创新的环境和提升制度创新的能力。南繁硅谷管理服务平台作为国家南繁硅谷平台的子平台和管理中枢，需要发挥基于政府引导下的整合与调配资源功能、基于营造权威（行政权威、专业权威）与契约（合同、惯例）的信任促进互信与发展、提供公共服务与支持。

（一）主要定位

国家全面支持海南自由贸易港建设，赋予了海南更大、更开放的制度创新使命，让海南更易解决我国科技体制机制、种业体制机制以及区域合作机制上的瓶颈问题，极力促成区域协同[①]、主体协同和要素协同[②]三维协同[1-2]。南繁硅谷管理服务平台就是国家南繁硅谷平台建设运营的组织保障、服务保障和制度保障，探索构建适合自由贸易港的要素汇集、监管模式和治理体制，探索破除条块分割以及跨部门、跨区域、跨层次、跨单位的资源整合与协同创新等机制。

南繁硅谷管理服务平台将是国家南繁硅谷平台的决策机构和制度创新组织，属中枢与主脑机构，负责组建国家南繁硅谷平台的理事会或委员会、专家咨询或顾问委员会，制定发展规划、行动计划、具体方案与目标、责权利分配、标准与规范、绩效评估，研究提出各类专业子平台的筹建、分设、撤销、整合并进行统筹管理与服务保障，既要避免资源分散，又要避免资源冗余，增强各子平台的专业化服务能力。

研究并推动相关的法律立法，避免行政、资金、人才等创新资源的浪费。通过制定规范、政策，创新模式，破解知识共享与知识产权保护矛盾，进行冲突协调，建立信任机制，引导和鼓励市场分工，提供诸如财税优惠、产权交易、协议履行、人才引进与培育甚至经费等制度保障，海纳百川，形成多层次、跨区域、多主体主动参与的协同治理格局，主动进行环境扫描，为服务对象提供专业化服务，并通过先进的、完备的设施设备支撑、数据信息保障支持和模块化管理，培育和展现巨大的网合能力，实现多方共建、共享、共赢。

（二）核心功能

1. 规划决策与制度平台　规划引导至关重要，充分体现了区域的战略意图与路径。

---

① 南繁涉及全国育种科研，要实现东南西北中的联动支持建设南繁硅谷。

② 主体分为平台核心主体、内部环境支持主体、外部环境支撑主体，详见第四章第五节。要素分为基础要素、能动要素、动力要素、阻力要素，详见第四章第五节。

南繁科技城作为新园区和南繁硅谷的规建核心，有条件在更高水平上绘制蓝图，推动高标准建设国家南繁硅谷平台，并争取更多、更大的支持，甚至计划指标单列。决策机构要高水平地对国家南繁硅谷平台进行系统规划，绘制国家南繁硅谷平台及其子平台的路线图、作战图，科学布局各类创新资源，避免资源闲置浪费和重复购置，实现资源整合开放共享以及高效利用。

南繁科技城作为海南自由贸易港先导园区——崖州湾科技城的重要组成部分，有条件将南繁硅谷管理与服务平台打造为制度创新平台，重点培育形成自由贸易港功能优势、区域比较优势和改革开放优势。南繁硅谷管理与服务平台同时要立信（任）建网（络），推动标准体系建设和质量管理体系建设，确保平台与子平台间、各子平台间协调运行。

2. 智能 OA 与产业协作网络 利用信息技术，并基于数字革命、人工智能，建立通畅的沟通交流网络，发挥好组织的协调功能，实现组织管理向扁平化、自组织拓展，并提供精细化服务。加速构建联盟合作网络，引入硬性和柔性科技资源，以扩大用户基础。协调开发和接入跨区域跨平台跨库资源，借力建库扩容。利用国家南繁硅谷平台的各个子平台资源，实施线上和线下的科普、培训、教育，延伸产业协作网络。

3. 网络审批管理系统 国家南繁硅谷平台更偏重专业性功能，可以运用数字政府的理念超前布局网络审批管理系统，让不"见面"审批成为主流。不"见面"审批应用在程序项目非常成熟，如平安保险在商业医疗险项目上做到了从买保险到报险、到定损再到理赔，全程做到不"见面"，门诊记录、发票等相关的票据可以通过手机拍照上传完成赔付工作；又如工商系统在企业注册、变更方面也做到了不"见面"审批。南繁硅谷管理服务平台也可以在南繁登记、南繁检疫①方面实现网络化和电子化。

4. 知识产权保护管理 将知识产权、商业机密、遗传资源纳入严格保护和监管的范畴，为产学研中金之间的合作奠定权威的信任基础。支持海南基于我国原创技术建 DNA 指纹数据库。DNA 指纹数据是植物新品种权保护和种质资源保护及利用的重要数据支撑，是实现种业监管治理能力现代化的必要条件，通过 DNA 指纹的证据固定，如在取得 DNA 指纹后，由公证处进行公证，以提前锁定证据。MNP（多核苷酸多态性）鉴定技术为我国原创且在国际处于领先水平，已成为国家标准，极显著超越国外开发的 SSR 和 SNP 技术，具有更加精准、高效、通用、共享等全面技术优势，破解了 DNA 指纹数据构建的技术难题，可强化种质资源保护与利用，合理利用规则限制外企滥用我国种质资源和种业制度，为中国种业发展保驾护行。

5. 人才支撑与服务体系 "人才是创新的第一资源"。要将引进人才、培育人才、服务人才、保障人才作为南繁硅谷管理服务平台的重要职能。引入专业的人才服务机构，如人力资源管理和猎头机构，为平台提供高质量内训、人才识别等专业的人才服务。建立完

---

① 南繁检疫涉及现场勘察和取样工作，未来完全可以基于南繁基地产地检疫全覆盖，实现南繁检疫不见面，证书电子化。

整安全的人才电子档案，自动匹配服务人才，帮助人才申报各类科技项目、人才培养计划，帮助人才适配相关的 PI 团队（如聘任优秀的"双创"人才到三亚崖州湾科教城任兼职教授，科研人员到其他 PI 团队交叉任职等）、学会、协会，拓宽人才创新资源网络，激活人才交流与合作的环境。实施人才安居工程与生活配套解决方案。

二、平台创建

（一）平台创建策略

南繁硅谷管理服务平台的构成要素包括主体性要素、可控性支持要素和不可控性支持要素[3]。其中，主体性要素主要包括：负责平台管理的三亚崖州湾科技城管理局以及支持三亚崖州湾科技城建设的政府部门和中化集团，入驻科技城的核心机构，如中科院、农业农村部所属科研院所、高等院校、龙头企业；可控性支持要素主要包括：政府主导建设的科研设施、实验室、试验基地等，政府购买或联合购买的软件系统、信息系统，参与建设管理三亚崖州湾科技的公共服务机构；不可控性支持要素主要包括：财税政策、产权保护制度等正式制度，人文氛围、创新创业氛围等非正式制度。

维持南繁硅谷管理服务平台组织稳定性的动力为内在驱动力、外部推动力、吸引力、黏性力 4 力。其中，内在驱动力是南繁硅谷建设发展的需要以及各类科研平台建设管理的需要；外部推动力是入驻的机构需要专业化服务的需要；吸引力是营造良好创新创业环境后所形成的良性循环，尤其是基于优化提升南繁基地科研服务能力所展现的对外更大的吸引力；黏性力是平台强大的保姆式服务能力对南繁机构所产生的依附力。

（二）创建主体与创建模式选择

南繁硅谷管理服务平台的创建主体是三亚崖州湾科技城管理局。三亚崖州湾科技城管理局作为法定机构以及海南自由贸易港先导园区，有条件采取行政体系重塑（行政创新），在第三章第十一节以及第六章均有所阐述。作为软平台，南繁硅谷管理服务平台的创建模式可按数字政府建设的理念，采取 HW–BLM（业务领先模型）、平台化管理框架改造组织，优化战略制定和战略执行（详见第六章）。

三、平台运营

（一）平台运营策略

南繁硅谷管理服务平台作为中枢平台，要培育和提升学习力、创新力、聚合力、协同力、吸引力、影响力 6 种能力，需要做到借力、蓄力、聚力、巧力、合力、发力 6 力齐发，构筑并夯实功能优势、区域优势和改革开放优势三大核心优势。南繁硅谷管理服务平台工作重点在于构建平台制度体系，确立开放式创新机制，健全保障与支持机制（见第五章第三节）。同时，南繁硅谷管理服务平台作为环境支持平台，是南繁硅谷创新创业未来向纵深发展的动力基础（详见第五章第五节）。

（二）运营主体与运营模式选择

南繁硅谷管理服务平台创建主体与运营主体合二为一，部分业务如知识产权保护管理可以采用政府购买服务的形式委托第三方提供专业的服务。构造过程型组织为主＋职能型组织为辅的组织形态，确保组织更加灵活便捷、自发自主和人性化，强调服务过程以及服务保障。运营模式引入平台化管理思想，采用 HW－BLM 模式，避免战略目标发散和结构臃肿，让国家南繁硅谷平台更高效、更科学地运作（详见第六章）。

第二节　南繁硅谷数据与交易平台

一、功能定位

第五章对国家南繁硅谷平台功能定位进行阐述，南繁硅谷数据与交易平台作为其子平台，继续利用 TRIZ 九屏幕法对南繁硅谷数据与交易平台进行系统性梳理，深入分析平台的功能。南繁硅谷数据与交易平台作为环境支持平台的重要组成，主要推动国家南繁硅谷平台的数字化与智能化，为开放式创新提供数字平台支撑，为种业现代化提供信息化支持。

（一）主要定位

信息数据是构建交流合作桥梁的必要条件。提供和拓宽信息情报渠道是公共科技服务的重要基础[4]。南繁硅谷数据与交易平台就是要打通并连接企事业单位、中介机构、金融机构、政府部门内等相关干系人的数据，完善征信系统，为国家南繁硅谷平台的其他子平台提供线上线下数据支撑的重要平台，帮助形成信息数据传递与反馈的闭环，通过大数据的应用来加速市场化运作。集成科技文献、科学数据、种质资源数据库、品种数据库、科技咨询、科技交流、教育培训、成果与产权交易、商品交易、企事业机构等大数据资源，支撑完善征信系统，解决信息不对称、不完全、难匹配以及检索困难等问题。

通过收集与分析数据、挖掘与激活数据价值，管理和利用这些数据资产。基于自由贸易港国际化的政策支持，参照欧美国家的数据安全标准，科学大数据因不涉及意识形态，并且在自由贸易港数据安全流动原则的支撑下，海南更易建设数据和知识产权特区，做好数据安全与数据价值的利益分享，实现信息交互和集成协作、基于数据驱动实现供需高效匹配，确保交易质量。

加速数据标准化建设，合作建立基因组学（Genomics）[①]、蛋白质组学（Proteomics）[②]、转录组学（Transcriptomics）、代谢组学（Metabonomics）和表型组学（Phenomics）[③] 等科学数据库，并基于大数据＋超算＋AI，实现田间（表型）、实验室、专家评估等多重数据关联。建立基于 DNA 指纹图谱的种质资源、基于 DNA 指纹图谱的品种、从种子（苗）到产品的全链路等种业信息数据库，并基于大数据，打通研发与市场的接口。通过协商协作共同开发，连接跨国跨地区的多平台资源，为用户提供更加精准化、专业化、网络化、集成化和智能化的数据服务和知识支撑。

（二）核心功能

1. 大数据信息平台　平台的价值首先是要构筑巨大的信息，平台的信息要达到一定

---

① 如：英国的桑格中心是研究基因组学的知名机构。
② 如：瑞典皇家理工学院是研究蛋白质组学的知名机构。
③ 如：德国 LemnaTec 高通量植物表型平台。

的深度、广度、力度，使信息的获取更加便捷，并增强信息的利用性，指导创业的力度要强。资源信息平台可解决信息不完全性。帮助参与主体更便捷地获得创新资源信息，助其掌握更完备的信息以作出更理性、更科学的策略选择。同时，基于企业大数据的征信服务平台，支撑与发挥信任机制的巨大作用。

基于南繁硅谷科技创新平台中科技数据共享平台，并与超算机构合作，打造我国农业和生物技术产业大数据特区，与国际机构合作或独立建设科学数据库。增强与国际数据库的数据交换能力，打造中国的基因数据库①。可以与这些相关数据库合作，从镜像做起。

2. AI 育种系统 利用超算的推广，基于生物技术＋数据技术＋人工智能，将经验育种数据化、智能化，将个体经验数据验证后汇集为大数据库，并作为重要的育种辅助决策系统和数据管理系统帮助实现精准育种。

国际上知名的商业化 AI 育种平台（软件）有加拿大的 Genovix（AGROBASE Generation II 升级版）、美国的 PRISM（Plant Research Information Sharing Manager）、法国的 DORIANE（可兼顾分子育种与常规育种）等[5]，国内主要有金种子育种平台（已嵌入南繁硅谷云）、华智育种管家（水稻为主）、孙桥高通量植物基因型-表型-育种服务平台 AgriPheno 等。

国际玉米小麦改良中心在比尔及梅琳达·盖茨基金会的支持下，建立了开放的集成育种平台（Integrated Breeding Platform，IBP），开发了育种信息管理系统（Breeding Management System，BMS)②[6]。

3. 技术拍卖与交易平台 南繁硅谷数据与交易平台要实现国际种业交易的功能，其重点是促进种质等遗传资源、植物新品种权等成果交易以及指量种子交易。连接或打造技术中介市场，如连接或打造类似像从事 B2B 业务的 Yet2③ 和 InnoCentive 这种开放式技术中介平台。其中，Yet2 网络汇集了 15 万个企业用户，聚集了全球近千家研究机构，与近千家技术经纪机构、推广平台、社交媒体组成了合作关系，建立了由大公司付费的机制[7]。智农 361（https：//www.ipa361.com）作为国内重要的涉农平台也在积极尝试。

2021 年 5 月 31 日，三亚崖州湾知识产权特区首单植物新品种权完成交易，中国农业科学院郑州果树研究所与海南奔象梨业有限公司，在三亚崖州湾科技城签署了《梨新品种"丹霞红"许可开发合同》。该技术交易是典型的技术成果交易，但并未采取拍卖的方式，说明植物新品种权有别于发明专利等知识产权，有其自身的独特属性，即保护方式的特殊性-借助了分子鉴定技术（DNA 身份信息）；技术验证的特殊性-田间生产试验（简易的技

---

① 全球三大 DNA 数据库，即日本 DDBJ（DNA Data Bank of Japan），美国 NCBI（National Center for Biotechnology Information）的 GenBank，欧洲 EMBL（European Molecular Biology Laboratory）的 EBI 数据库，这 3 个数据库通过合作实现数据相通相同。

② https：//www.integratedbreeding.net

③ 1999 年 2 月，由 Venrock 公司、3I、杜邦、宝洁、霍尼韦尔、卡特彼勒、拜耳、NTT 租赁和西门子等 10 余家企业投资成立。

术中试与量产）；以及应用场景的特殊性-与生态适应性有关的有限性。

4. 示范推广全球网络　示范推广全球网络作为交易的重要支撑网络，目前种业领域的交易仍然是以线下交易为主，线上交易为辅的交易模式。

一要建设国内网络。我国各省（自治区、直辖市）基本建立了自己的农业推广服务体系，很多龙头企业也建立了自己的示范网络。通过建立网络与联盟的方式，连接我国的农业推广服务体系，促使我国示范推广网络更具弹性，在农业成果推广应用方面发挥更大的网络合作作用，尤其是帮助小微种业公司和种业专业研发公司构建更便捷、成本更低的网络。

二要建设国外网络。隆平、荃银等上市公司在海外建有研究中心或营销网络。智利等国家建立了较为健全的种子进出口体系。海南可基于自由贸易港的制度优势，参考隆平、荃银等企业的海外业务拓展经验，帮助企业走出国门。

二、平台创建

（一）平台创建策略

南繁硅谷数据与交易平台的创建应以政府引导＋市场主导的模式进行。市场主导的实质即强化市场作用[1]，一是坚持效率主导，要充分尊重市场的决定权，发挥好效率的引导作用[8]；二是坚持企业主导，要充分尊重企业的自主权，发挥好企业的主体作用；三是坚持消费主导，要充分尊重顾客的选择权，发挥好消费的拉动作用。科学大数据由政府建设为主，市场交易平台由企业建设为主，AI智能育种以企业投资为主、政府补贴为辅，示范推广全球网络则采取企业与科研院校共建＋政府补贴的创建模式。

南繁硅谷数据与交易平台的构成要素包括主体性要素、可控性支持要素和不可控性支持要素[3]。其中，主体性要素主要包括：系统开发运营方、代表政府运营示范推广网络的科研院所等平台管理方，提供创新资源、实施创新活动的核心机构，创新资源与创新成果的需求者等边缘关系机构；可控性支持要素主要包括：政府以及科研院校主导建设的示范推广基地、企业建设共享的示范推广基地等，政府购买或联合购买的大数据系统，参与平台管理的公共服务机构；不可控性支持要素主要包括：财税政策、数据流动等正式制度，人文氛围、创新创业氛围等非正式制度。

维持南繁硅谷数据与交易平台组织稳定性的动力为内在驱动力、外部推动力、吸引力、黏性力4力。其中，内在驱动力是育种家对育种效率、育种精准度以及成果推广的内在需求；外部推动力是智能育种4.0的时代召唤；吸引力是种业与生物技术领域价值共创，实现需求互补；黏性力是打造开放式网络平台，以数据和信息为共生的基础，让用户对平台产生路径依赖。

---

① 引自上海市人大常委会法工委副主任施凯在三亚市人大常委会自贸港建设专题培训班上的课件《经济发展转型与营商环境优化》。

（二）创建主体与创建模式选择

南繁硅谷数据与交易平台的创建主体可以是政府、科研院校，也可以是企业，要根据其是否具备（准）公共品属性来进行决策，并且基于跨区域组织间关系，建立起价值共创共赢的组织间关系（见第六章第三节）。

南繁硅谷数据与交易平台采取资源统筹化＋创建个性化的创建模式。资源统筹化即以资源整合优化为主，依托现有的资源进行开发升级，以最小成本实现创建目标。创建个性化即示范推广基地可处于不同的生态区，网络建设适应种业个性化发展。

三、平台运营

（一）平台运营策略

南繁硅谷数据与交易平台作为环境支持平台，是国家南繁硅谷平台未来向纵深发展的动力基础（详见第五章第五节）。南繁硅谷数据与交易平台作为典型的资源整合平台，同样需要做到借力、蓄力、聚力、巧力、合力、发力 6 力齐发。建设运营导向机制，即在平台的不同成长时期处理好政府与市场的关系，做好资源整合与配置，引导平台科学可持续发展。建设资源共享机制，即平台是创新创业资源聚集的中心，通过共享和利益分配，促成资源共享链和共享网络形成（参考第五章第三节）。

（二）运营主体与运营模式选择

提倡南繁硅谷数据与交易平台创建主体与运营主体进行分离，以加速专业化运营。数据与交易系统均是专业性较强的功能，市场化与专业化是实现平台良性运行的基础。南繁硅谷数据与交易平台运营模式可以参照平台化管理框架和数字政府建设，深化平台运营（参见第三章第十一节）。

参考文献

[1] 张立岩. 区域科技创新平台生态系统发展模式与机制研究 [D]. 哈尔滨：哈尔滨理工大学，2015.

[2] 李文奇. 区域创新平台三维协同模式研究 [D]. 哈尔滨：哈尔滨理工大学，2012.

[3] 张琼妮. 网络环境下区域协同创新平台模式与机制及政策研究 [D]. 杭州：浙江工商大学，2014.

[4] 朱旨昂. 生物医药产业发展中的政府科技服务平台建设研究 [D]. 南京：东南大学，2018.

[5] 尹中江，关卫星，杨勇，等. 育种平台（软件）在西藏作物育种中应用和西藏育种方向浅析 [J]. 西藏农业科技，2020，42（2）：46-51.

[6] 张俊灵，孙美荣，张东旭，等. 国际挑战计划项目集成育种平台研究进展 [J]. 安徽农业科学，2016，44（3）：298-301.

[7] 王文君，李宏，陈晓怡，等. 发达国家技术交易平台运行机制及管理制度 [J]. 科技导报，2020，38（24）：45-52.

[8] 曾骊. 政府在高职教育发展中的角色定位和作用 [J]. 教育与职业，2004（24）：4-5.

第八章
南繁硅谷科技创新平台
创建与运营

第一节　功能定位

第五章对国家南繁硅谷平台功能定位进行阐述，南繁硅谷科技创新平台作为其核心子平台，需要继续利用 TRIZ 九屏幕法对南繁硅谷科技创新平台进行系统性梳理，更加深入分析平台的功能。南繁硅谷科技创新平台作为南繁硅谷科技自立自强的内核，主要通过争取和做好科技体制改革试点，全力创造软件、硬件环境，网合科技创新资源，为实现种源自主①可控和打造中国特色智慧育种 4.0 提供创新平台支持。

一、主要定位

2017 年 8 月 18 日，科技部、财政部、国家发展改革委联合印发的《国家科技创新基地优化整合方案》从顶层设计对科技创新平台进行了设计布局与建设，将国家级基地平台归并整合为科学与工程研究②、技术创新与成果转化③、基础支撑与条件保障④ 3 类[1]。

南繁硅谷科技创新平台要紧扣《国家科技创新基地优化整合方案》，争取支持 3 类基地平台项目落户崖州湾，确保南繁硅谷科技创新平台纳入国家创新体系，以获得稳定支持，保障平台科学可持续发展。在科技创新平台中，与产业关联最深的是产业共性技术创新平台。产业共性技术具备准公共产品性质，影响着一个或多个产业发展的通用技术，被认为是企业核心技术形成的基础和自主创新的基石[2]。

南繁硅谷科技创新平台就是要为南繁硅谷构筑科技创新内核，创新合作的主阵地，向世界生物技术和种业提供"中国芯"。南繁硅谷科技创新平台创建与运营要紧扣"四个面向"⑤，实现种子科技领域自立自强。南繁硅谷科技创新平台要促成创新资源聚合裂变，促使创新资源高效配置和共享，加速知识转移和溢出，增进学科内和学科间、跨区域和跨层级、体制内和体制外的协同创新攻关。南繁硅谷科技创新平台侧重仪器设备和科学数据等高效共享，侧重生物育种及种质资源创制的理论创新，侧重产业共性技术和关键瓶颈技术的创新，创造有利于创新创意的宽松软环境，创造有利于协同创新的制度体制。

---

① 中央全面深化改革委员会第二十次会议审议通过《种业振兴行动方案》，方案紧紧围绕种业科技自立自强和种源自主可控。http：//www. gov. cn/xinwen/2021 - 07/13/content _ 5624553. htm.

② 主要包括国家实验室、国家重点实验室。

③ 主要包括国家工程研究中心、国家技术创新中心和国家临床医学研究中心。

④ 主要包括国家科技资源共享服务平台、国家野外科学观测研究站。

⑤ 2020 年 9 月，习总书记在科学家座谈会上强调"坚持面向世界科技前沿、面向经济主战场、面向国家重大需求、面向人民生命健康，不断向科学技术广度和深度进军。"

二、核心功能

（一）开放科研实验创新平台

南繁科技城已入驻一些科研机构并组建了相关的科研实验室，配备了 PI 团队；同时，三亚崖州湾科技城管理局也自建了以共享为目的的专业实验室。创建南繁硅谷科技创新平台，一是要争取批复设立各类国家级和省部级实验室、技术中心、科学数据中心、大科学装置等科技创新平台；二是要构建设施设备共享网络，提高其利用率，发挥其更大的创新价值。

2021 年 5 月 12 日，海南省崖州湾种子实验室在三亚崖州湾科技城正式成立。理事会作为其最高权力机构，由海南省科技厅、中国科学院、中国农业科学院、海南省农业农村厅、三亚市人民政府、中国农业大学、浙江大学、三亚崖州湾科技城管理局、中国种子集团有限公司等 10 余家官产学研机构以及国家玉米种业技术创新中心、国家耐盐碱水稻技术创新中心两个平台构成。海南省崖州湾种子实验室理事会由海南省人民政府副省长王路担任理事长。在崖州湾种子实验室领导机构中，李家洋、万建民两位院士担任名誉主任，杨维才[①]担任实验室主任兼法定代表人；钱前院士担任学术委员会主任，种康、韩斌两位院士担任副主任。海南省崖州湾种子实验室对标国家实验室，打造南繁硅谷科技创新内核，构建实体化的平台组织构架（图 8-1），致力于打造我国的智慧育种 4.0。

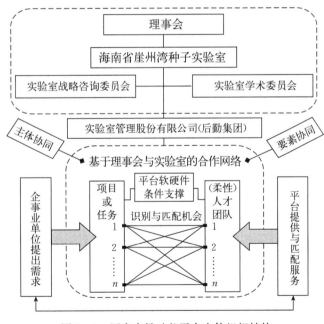

图 8-1　国家南繁硅谷平台实体组织结构

（二）科技数据共享平台

目前，我国已建立诸如国家水稻数据中心（www.ricedata.cn）、国家农业科学数据

---

① 中国科学院遗传与发育生物学研究所所长、研究员、博士生导师。

中心（www. agridata. cn）、中国作物种质资源信息网（www. cgris. net）、国家林业和草原科学数据中心（www. forestdata. cn）、国家基础学科公共科学数据中心（nsdata. cn）、国家基因组科学数据中心（bigd. big. ac. cn）、国家微生物科学数据中心（www. nmdc. cn）、国家重要野生植物种质资源库（seed. iflora. cn）、国家园艺种质资源库（nhgrc. cn）、国家热带植物种质资源库（ctcgris. catas. cn）、国家林木种质资源平台（www. nfgrp. cn）、智农361（www. ipa361.com）等数据平台。

创建南繁硅谷科技创新平台支持开发育种数据平台与管理系统。一是要通过加强与已建国内数据平台甚至国外数据平台的合作，致力于打通各类数据库和确保数据安全；二是支持开发建立高通量的数据采集与分析系统；三是支持升级开发国产育种管理软件平台；四是通过数据挖掘服务于南繁科研，匹配资源与信息，提高我国种业与生物技术科研效率，加深南繁机构、南繁人员对平台的依赖性。

（三）穿梭育种基地

穿梭育种（Shuttle Breeding）是诺贝尔和平奖获得者诺曼·博洛格（Norman Borlaug）发明的小麦周年选育的方式，被誉为第二次育种创新。1946 年 5 月，博洛格利用墨西哥两个相距近 2 000 公里、海拔相差 2 600 米的城市 Obregon（奥布雷贡，海拔 39 m）与 Toluca（托卢卡，海拔 2 640 m）的气候差异进行一年两季育种[3]，取得了预期的效果。

南繁硅谷科技创新平台要实现周年育种，必须参照穿梭育种，在优化建设南繁核心区的同时，还要与甘肃、内蒙古、新疆进行省际会商建立北育基地，打通构建起南繁北育穿梭育种体系，真正让南繁嵌入全国种业产业体系。

（四）科研与生产试验基地

科研试验基地主要分为以科学试验为主体功能的专业试验基地、以科学观测为主体功能的专业试验基地、以中间试验为主体功能的专业试验基地[4]。区域试验基地就属专业试验基地，生产试验基地就属于生产试验基地。

（1）区域试验基地 区域试验即农作物新品种审定区域试验，是指通过统一规范的要求进行规范的试验，对新育成的品种的丰产性、适应性、抗逆性和品质进行全面的鉴定和综合评价，是品种审定的基础。争取在三亚、陵水、乐东等南繁基地创建不同作物品种的区域试验基地，纳入国家 VCU（Value for Cultivation and Use）测试体系，逐步实现南繁试验数据纳入品种审（认）定权威体系。并在农业农村部的支持下，在三亚崖州湾科技城设立区域试验联盟，打通数据。

（2）生产试验基地 生产试验又称品种栽培试验，将所选育的植物新品种在实际生产条件下进行栽培，以考察其经济性状的稳定性和生产价值的规范试验。生产试验一般是在参加区域试验的同时，按大田生产条件与当地推广品种进行大田生产条件下比较的试验，是品种在当地推广前的一个重要环节。支持事业单位甚至企业创办的品种展示基地纳入地方生产试验体系，加速南繁成果就地转化。基于南繁管理机制，建立起生产试验基地省与省合作网络，互通试验，打通数据。

（五）DUS 测试 + DNA 指纹中心

DUS 测试即农业植物品种特异性、一致性和稳定性测试，是植物新品种权申请、品种审（认）定和登记的核心环节，配合 DNA 指纹确定种性。DUS 测试必须是由相关独立的、专业的、权威的机构来做。在三亚崖州湾科技城建设 DUS 测试中心需要遵照独立性、权威性、专业性进行组织变革，这就需要做到不隶属种业研究机构、不与种业企业产生利益关联、有稳定的资金支持以及良好的专业技术能力。目前，由三亚崖州湾科技城管理局牵头建设 DUS 测试中心更能符合创建原则，建议整合省内甚至中央入驻地方的科研机构的资源，建立公益二类事业单位海南省崖州湾 DUS 测试中心。

（六）检测与评估中心

检测与评估中心主要从事种子质量、植物检疫、分子指纹图谱检测、品质评价，服务于种子执法、维权纠纷、种子进出口与进出岛。可以引入第三方专业机构参与建设或接受委托。

（七）科研咨询与信息服务

一是提供科学文献共享服务。科研人员查阅下载文献是其工作的规定动作。在海南自由贸易港数据安全流动政策支持下，通过与国内外文献库合作，集成端口为三亚崖州湾科技城内人员提供便利的查阅、下载、查新等服务。二是提供科研咨询服务。参与科研实验设计与验证，提供专业化的解决方案。如华大基因提供的测序及配套分析服务。

（八）种质资源创制合作网

争取在农业农村部、自然资源部的支持下以及基于南繁管理体系，建立跨省合作；依托三亚崖州湾科技城，建设全国种质资源创造合作网络，强化与国家和地方种质资源库的合作，促进种质资源的交换、交易、开发利用。

第二节　平台创建

一、平台创建策略

由政府主导南繁硅谷科技创新平台的创建，并争取社会资金捐赠和设立研究基金以及奖励基金，形成以政府投入为主和社会投入为辅的资金支持体系。南繁硅谷数据与交易平台的构成要素包括主体性要素、可控性支持要素和不可控性支持要素，其中，主体性要素主要包括：海南省人民政府、中国科学院、农业农村部、科技部、国家发展和改革委员会[①]支持下的平台立项与运行评估方以及协助平台管理的三亚崖州湾科技城管理局等平台管理方，提供创新资源、实施创新活动的核心机构（如：海南省崖州湾种子实验室理事会成员），平台使用方等边缘关联机构。可控性支持要素主要包括：政府以及科研院校主导建设的各类实验室、创新中心、技术中心等[②]，政府购买或联合购买的实验室管理系统、科研仪器共享系统，参与平台建设管理的科研院校与公共服务机构，组织构架、权力分配、创新激励等内部治理机制。不可控性支持要素主要包括：财税政策、产权保护制度、人才激励政策等正式制度，人文氛围、创新氛围等非正式制度，以及南繁硅谷建设的外部资源。

维持南繁硅谷科技创新平台组织稳定性的动力为内在驱动力、外部推动力、吸引力、黏性力4力。其中，内在驱动力是承担解决种业"卡脖子"问题的国家担当以及南繁硅谷科技创新内核建设的内在需求；外部推动力是智能育种4.0的时代召唤以及南繁育种科研现代化升级需要；吸引力是种业与生物技术领域实现价值共创，需求互补；黏性力是对高效育种与精准育种的依赖，参考第五章第二节。平台创建要避免简单的"1+1"式资源整合，其结果大概率是"<2"。资源整合之前要做好顶层的机制设计，提前消解矛盾，尤其是避免利益的重新分配式重组，实现多方融合的效能或利益最大化。

二、创建主体与创建模式选择

南繁硅谷科技创新平台的创建主体为官产学研，要根据其是否具备（准）公共品属性进行决策，并且基于跨区域组织间关系，建立起价值共创共赢的组织间关系（见第六章第三节）。南繁硅谷科技创新平台采取资源统筹化＋创建个性化的创建模式。资源统筹化即争取大院、大所、大团队入驻，实施省部共建、省院共建、省校共建；创建个性化即在统

[①] 负责重大项目立项资助，以及批复国家工程实验实验室、国家产业创新中心等。

[②] 如在建的全球动植物种质资源引进中转基地、国家耐盐碱水稻技术创新中心、国家精准设计育种中心、国家南繁作物表型研究设施、国家热带农业科学中心、热带农业生物代谢组分析中心、国家动植物基因库等。

一规划下满足大院、大所科研平台建设的实际需要。

从长远的发展上看，还是要建设一个统一的科教联盟或机构，实现真正的资源整合。日本政府建设筑波科技城时成立筑波大学，推动近 50 家科研院所和高校落户，并以筑波大学为中心吸引人才等核心资源创新汇集。韩国大田建设大德科学城的重要措施就是迁入了韩国高等科学技术学院。参照筑波科技城，南繁硅谷规划建设可以先组建中国崖州湾大学联合体（高等教育平台）作为南繁硅谷科技创新平台的核心科教组织，实施共享基础设施[①]、共享教学科研系统[②]、共享师资教辅人员、共享专业教学设计[③]、共享课程学分[④]的五大共享计划，避免功能重合、重复投入以及有限的创新资源被分散，并且通过教研大融合、大碰撞，强化知识扩散与溢出，扩大学子创新视野，增强团队创新能力，增长科技人员产业技能。甚至在经过磨合后，争取教育部支持，正式组建中国南繁硅谷学院，毕业生的学历、学位证书由中国南繁硅谷学院和招生单位联合颁发，中国南繁硅谷学院发展到一定规模后可单独招生或联合国内国际高校共同招生。

---

① 基础设施包括教学、办公、科研、公寓、设备等，其中，设备共享相对容易，但实验室空间共享最难协调，因为空间是团队的载体。

② 教学科研系统包括选课系统、学分系统、科研项目管理系统、设施设备使用分配系统、PI 团队成员交叉任职等。

③ 共享专业教学设计，加速"物以类聚"共建学科，同时增强学科交叉合作力度、跨学科轮训。

④ 实现课程共享，学分互认。

第三节　平台运营

一、平台运营策略

南繁硅谷科技创新平台作为国家南繁硅谷平台核心业务体系科研极（参考图6-2）和核心硬件平台（参考图5-4），是国家南繁硅谷平台的建设使命。南繁硅谷科技创新平台作为创新资源整合与融合平台，同样需要做到借力、蓄力、聚力、巧力、合力、发力6力齐发。南繁硅谷科技创新平台采取大平台＋数字化＋大团队＋大项目协作运行模式，去行政化和去形式化，增强团队间的协同能力，释放团队创新创造力。

重点建立起建设运营导向机制、领导权动态变化机制（平台理事会与领导机构动态变化）、资源共享机制、模块化耦合机制（以知识模块耦合为载体，将具有自律性和相对独立的模块以耦合方式与其他要素相互联系）、立体网络效应机制（跨地区、跨国界的网络组织）、基于利益共享与风险共担的合作机制（价值共创），参考第五章第三节。

二、运营主体与运营模式选择

南繁硅谷科技创新平台涉及多个创建与运营主体，各院所高校和企业均建有独立的科研平台（如重点实验室、工程技术中心、工程实验室、大科学装置、企业研究院以及各类科研中心）。目前，建设三亚崖州湾的科技创新平台基本上采取财政主导混合型、公共型等单治理中心治理模式以及网络型等多治理中心治理模式（参考图6-15）。

南繁硅谷科技创新平台运营模式选择按照海南省的规划要求将采取网络型等多治理中心治理模式，入驻三亚崖州湾科技城的涉农科研院校所建的科技创新平台纳入海南省崖州湾种子实验室，参照上海张江实验室的运营模式的创建与运营。要成功打造国家实验室，海南需要在组织形态上进行创新，既要"自下而上"争取创建，又要"自上而下"实现资源统筹，为国家科技体制改革探索出一条创新之路。

未来的崖州湾国家实验室要具备"三核"，由内而外形成协同创新机制，最终形成平台化创新生态组织。一是争取中国科学院将其种子创新研究院事业法人化；目前各省对标建设的国家实验室均有一个坚实的法人实体，该法人实体能够聚集国内顶级的产学研创新资源，尤其是能获得稳定的科技经费以及其他事业经费的支持。二是依托三亚崖州湾科教城和南繁科技城，整合科教资源，争取教育部等部委支持在三亚崖州湾科技城设立中国崖州湾大学联合体甚至联合创办中国南繁硅谷学院，为海南省崖州湾种子实验室乃至海南自贸港等提供充足的人才资源支持。三是依托中化系（先正达）、中信系、中农发系等在种业领域的地位，对照阿里巴巴共建之江实验室，共建崖州湾国家实验室。

参考文献

[1] 孙晓冬，李斌，褚农农，等．浅谈对北京主要科技创新平台建设的思考 [J]．农业科技管理，2019，38 (1)：45－49＋60.

[2] 王宇露，黄平，单蒙蒙．共性技术创新平台的双层运作体系对分布式创新的影响机理——基于创新网络的视角 [J]．研究与发展管理，2016，28 (3)：97－106.

[3] Lori Hinze, Richard Percy, Don Jones. Fiber Quality of Cultivars and Breeding Lines in the Cotton Winter Nursery and US Environments [J]. The Journal of Cotton Science, 2010 (14)：138－144.

[4] 王启现，任德芹，邱国梁．农业科研试验基地的基本功能与主要分类 [J]．安徽农业科学，2018，46 (5)：215－217＋222.

第九章
南繁硅谷产业培育平台
创建与运营

第一节　南繁硅谷产业化平台

一、功能定位

第五章对国家南繁硅谷平台功能定位进行阐述，南繁硅谷产业化平台作为其核心子平台，要继续利用 TRIZ 九屏幕法对南繁硅谷产业化平台进行系统性梳理，深入分析平台的功能。南繁硅谷产业化平台是南繁硅谷产业培育平台的重要组成部分，培育产业、聚集产业、做强产业是区域发展的实际需要，也是科技发展的成果显现，要争取和做好种业体制改革试点，全力创造软件、硬件环境，网合产业资源，为打造中国特色商业育种体系提供创业平台支持。

（一）主要定位

南繁硅谷产业化平台目的在于引导种业和生物技术领域在南繁硅谷大众创业、万众创新。通过服务与加速资源与技术集成，孵化加速科技成果转化，即基于技术整合①的产品化以及基于资源整合②的商品化甚至大规模产业化[1]。成功创建南繁硅谷产业化平台的关键在于实现聚集多元化"双创"人才、紧扣市场需求、对接"双创"资本、提供"双创"激励与安全边界，加速人才、资本和产业[2]在南繁科技城聚集。南繁硅谷产业化平台通过帮助创业者、中小微企业进行创新创造创业活动，帮助创业者、中小微企业的"双创"活动更好地面向市场、面向产业，降低创新创业的风险，实现创新创造成果高效孵化、加速转化和生产应用，让创新创意变现，从而为南繁硅谷构筑产业集群内核；同时，也要紧紧依托企业尤其是龙头企业和创新型企业，将南繁科技城嵌入到种业和生物技术产业的全球产业链。

南繁硅谷产业化平台要能够帮助创业者、中小微企业识别和把握机会，为其提供创新创业资源、为其创造机会、为其在创新创业过程中提供全过程的专业化扶持和中介服务，并创造科技成果熟化转化的政策环境和市场条件，如：财务/政务/法务等各类代理服务、技术交流合作服务、技术论证与评估服务、战略咨询规划服务、办公科研条件支持服务、市场对接服务以及其他个性化服务[3]。

（二）核心功能

1. 孵化器、加速器　创建各类孵化器、加速器、创客中心，服务产品中试、产业孵化，加速培育创新主体。孵化器是成果或创意产业化验证平台，发现并验证其商业价值，

---

① 技术整合即通过技术集成将技术转化成产品，实现技术的产品化。
② 资源整合即通过集成技术、人才、资金、装备、材料、市场等创新创业资源，把技术产品变成交易的商品甚至催生新的产业。

提供专业的创业辅导，孵化一批创新创意企业。孵化器种类众多，有以政府为投资主体的产业创新中心、科技孵化器，有以国有企业为投资主体的"双创"示范基地，有以高校为投资主体设立的"双创"中心、极客中心等众创空间和以民营企业为投资主体设立的创意咖啡店、创意书店等创客空间[4]。2019 年 8 月，科技部印发了《关于新时期支持科技型中小企业加快创新发展的若干政策措施》，被称为科技型中小企业成长路线图计划 2.0①。

2. 财经、法律创业服务 小微企业的发展过程很难面面俱到，一般只专注于营销或创新，因此，需要找第三方的财经、法律等服务，尤其是提供知识产权方面的服务，保护商业机密与关键技术信息。创新创意型中型企业也需要专业的财经、法律服务，指导其获得政策扶持，实现融资、上市。由政府出资聘请创业导师为"双创"人员提供专业化支持。

3. 科技中介服务 科技中介机构是目前较为活跃的组织，主要为企事业单位以及行政机关提供科技创新服务、科技绩效评价、政策咨询服务、评估评价服务、技术交易服务等，促进成果验证、应用推广、上市交易，建立起成果转化与产业化的桥梁。通过第三方科技中介服务，活跃创新创业资源，加速分工和提高创新创业效率。

4. 实体产业联盟 行业一致认为我国种业仍处于育种 2.5 时代，与智慧育种 4.0 还差一代半。2014 年，农业部和财政部为了深化农业科技体制改革和农业科研治理机制，支持国家队以及省市地方队的农业科研机构共同参与打造全国科技创新协作平台，设立了国家农业科技创新联盟。该联盟围绕"一个产业问题、一个科学命题、一个团队支撑、一套运行机制"的要求，按照"有目标、有任务、有团队、有资金、有考核"的标准，通过创新实体化、一体化、共建共享等运行机制，构建上中下游协同攻关的新模式，创建了共建共享共用的农业科技资源新平台，形成了多学科集成综合解决区域重大问题的新途径。

国家农业科技创新联盟于 2019 年 12 月首批认定了 15 个产业联盟、15 个区域联盟和 4 个专业联盟②。2020 年 6 月，农业农村部办公厅印发《关于国家农业科技创新联盟建设的指导意见》，旨在加快构建一批产学研用一体化的创新联合体（新型研发机构），形成协同创新合力以有力带动我国农业科技整体跃升，突破关键技术瓶颈③。因此，争取引入相关联盟入驻崖州湾科技城；争取农业农村部支持海南省崖州湾种子实验室、中国种子集团等有条件的单位创建联盟。

5. 商业育种平台 早在 2013 年，农业部指导了隆平高科（持股比例 27.22%）、岳麓山种业创新中心（持股比例 18.23%）、长沙科谱瑞森（持股比例 16.88%）、海南神农科

---

① 相对于 2004 年科技部科技型中小企业技术创新基金管理中心、深圳证券交易所、国家开发银行投资业务局、资产重组保全局，联合中国高新技术产业开发区协会、创业中心专业委员会、中国科技金融促进会和风险投资专业委员会共同发起并组织实施，旨在营造有利于我国科技型中小企业不同成长阶段发展环境的社会化解决方案，即科技型中小企业成长路线图计划。

② http://www.moa.gov.cn/nybgb/2020/202002/202004/t20200414_6341542.htm

③ http://www.gov.cn/zhengce/zhengceku/2020-07/01/content_5523110.htm

技（持股比例 12.66％）、中信农业生物（持股比例 11.09％）、深圳弘富六号（持股比例 6.33％）等 12 家以水稻种企为主的企业共同组建了华智生物技术有限公司（华智生物），指导了北京屯玉种业（持股比例 45.88％）、北大荒垦丰（持股比例 29.12％）、中玉科企（持股比例 5.29％）、辽宁东亚种业（持股比例 5.00％）等 9 家以玉米种企为主的企业共同组建了中玉金标记（北京）生物技术股份有限公司（中玉金标记）。华智生物和中玉金标记两家平台公司是我国最早打造的商业育种平台，旨在为整个种业行业提供全方位服务，经过近 10 年的运作，积累了丰富的经验，海南自由贸易港可利用创新资源和政策资源等优势，争取相关部委的支持指导，在三亚崖州湾科技城培育商业化育种平台，鼓励支持领军企业组建创新联合体，打造具有中国特色的商业化育种体系。

二、平台创建

（一）平台创建策略

南繁硅谷产业化平台的创建以政府引导＋市场主导的模式进行。政府引导主要提供硬件设施和部分政府引导资金或后补助，降低企业的"双创"成本，更好地聚集中小微企业。市场主导指运营产业化平台的机构要以企业为主，要以孵化器运作经验与资源丰富的机构为主，让"双创"更加接近市场、接近消费者。

南繁硅谷产业化平台的构成要素包括主体性要素、可控性支持要素和不可控性支持要素。其中，主体性要素主要包括：以企业和投资人为代表的平台管理方，提供场地空间资源的三亚崖州湾科技城管理局，"双创"主体。可控性支持要素主要包括：投融资、产业网络等关系资源等，给予平台资金补贴的公共服务机构，内部治理机制。不可控性支持要素主要包括：财税政策等正式制度，创新创业氛围等非正式制度。

维持南繁硅谷产业化平台组织稳定性的动力为内在驱动力、外部推动力、吸引力、黏性力 4 力。其中，内在驱动力是育种家创新创业的内在需求；外部推动力是南繁产业化的政策；吸引力是指创新者、创业者、品牌运营者之间的相互需求、互补等；黏性力是指打造开放式创新创业平台，以良好的创业环境让"双创"者对平台产生路径依赖。

（二）创建主体与创建模式选择

南繁硅谷产业化平台的创建主体是企业，政府主要创造条件支持企业建设产业化平台，盘活科研院所、高校的人才资源，鼓励科技人员和高校教师加入"双创"队伍。人才是知识、技术、人脉、甚至资本等的载体，南繁硅谷产业化平台就是要推动基于人才聚集的创新资源聚集和产业聚集。创造更加宽容的环境，降低人才进入市场的阻力，对于人才流动不设障碍，对人才进入企业兼职不设门槛。

三、平台运营

（一）平台运营策略

南繁硅谷产业化平台作为国家南繁硅谷平台核心业务体系产业极（参考图 6－2）和

战略核心平台（参考图5-4），是国家南繁硅谷平台的建设使命。南繁硅谷科技创新平台作为创业资源整合平台，同样需要做到借力、蓄力、聚力、巧力、合力、发力6力齐发。重点建立起建设运营导向机制、领导权动态变化机制、资源共享机制、立体网络效应机制、基于利益共享与风险共担的合作机制（价值共创）、基于信任或权威的服务机制（营造良好的服务环境，如全省由政府采购种苗时，优先考虑向入驻崖州湾的种业企业倾斜），参考第五章第三节。

（二）运营主体与运营模式选择

南繁硅谷产业化平台也将涉及多个创建与运营主体，多个企业孵化器入驻有利于不同资源进入服务"双创"。尤其是鼓励龙头企业参照海尔的HOPE平台，创建种业与生物技术领域的孵化平台，以"双创"驱动种业行业的聚集和提高行业集中度。

运营的关键在于引入产业化人才及人才团队，在于吸引更多的人形成"双创"潮流。争取企业支持政府在三亚崖州湾科技城创办高校，并鼓励反哺企业，为企业提供更多优质的智力支持，形成良性闭环。

第二节　南繁硅谷投融资金融平台

一、功能定位

第五章对国家南繁硅谷平台功能定位进行阐述，南繁硅谷投融资金融平台作为其子平台，要继续利用 TRIZ 九屏幕法对南繁硅谷投融资金融平台进行系统性梳理，深入分析平台的功能。南繁硅谷投融资金融平台是南繁硅谷产业培育平台的重要组成部分，要为南繁产业化提供金融支撑和市场资源支撑，通过种业知识产权体系的标准化、可评估化、可锁定化，确保金融资源进入种业、进入南繁产业。

（一）主要定位

南繁硅谷投融资金融平台核心是为创新创业提供"燃料"支持，加速发展实现乘数效应，围绕生物技术、种业及其相关产业，架设桥接资金和融资通道。主动争取与北上广深甚至中国香港地区和新加坡内金融高度发达的城市合作，紧紧依托由银行、保险、信托、证券、基金、资产管理公司、金融与融资租赁等组成的金融体系，服务于南繁硅谷。如"1 个基础、6 项机制、10 条渠道"① 中关村投融资模式；又如临近上海的苏州就较早地启动了科技与金融相结合的工作，建设了苏州科技金融服务平台，苏州高新区与相关金融机构合作设立了科技城科技金融服务中心、科技城科技保险服务中心、全国股转系统路演分中心，设立了苏州高新区风险投资基金[5]。

南繁硅谷投融资金融平台要快速整合和提供资产评估与审计、信用评估与担保、风险评级与预警、保险等服务。根据企业所处的成长周期，创造条件和整合资源，引入或设立创业投资基金、天使投资基金、风险投资（Venture Capital）基金、私募股权投资（Private Equity）基金和众筹，设立或合作设立股权交易、债权交易、知识产权交易所，提供新三板、创业板、中小板等上市辅导与服务[6]，引导和帮助企业进入资本市场，吸引更多其他产业资本、民间资本进入南繁产业，为产业创新创业提供金融动力。通过南繁硅谷投融资金融平台的建设与运营，借助资本的力量和市场的力量来刺激大数据、人工智能、云计算、区块链、智能农机、物联网等技术与南繁产业交叉融合。

（二）核心功能

1. 创投风投　为创新型企业和优质创新项目搭建创业投资和风险投资渠道，实现企业与金融机构的高效对接与良性对接，增强南繁领域人才或小微企业在创新创业创造活动

---

① 1 个基础指以企业信用体系建设为基础，以信用促融资，以融资促发展；6 项机制指促进技术与资本高效对接的信用激励机制、风险补偿机制、以股权投资为核心的投保贷联动的机制、银政企多方合作机制、分阶段连续支持机制、市场选择聚焦重点机制；10 条渠道指天使投资、创业投资、境内外上市、代办股份转让、担保融资、企业债券和信托计划、并购重组、信用贷款、信用保险和贸易融资、小额贷款。

中抵御风险的能力，增强产品或服务量产及产业化能力。每年举办多次"双创"大赛，既奖励又催生验证更好的创新创意项目。

2. 科技金融 以知识产权为核心载体，由政府主导建立信用体系、担保体系，发挥政策性金融服务撬动效应，通过贷款贴息、资金担保甚至直接提供融资等方式支持南繁领域的创新创业。美国小企业管理局（SBA）在政策性金融方面经验丰富，向小企业提供融资渠道服务、技术援助服务、政府项目承包服务和宣传与维权服务。

3. 南繁保险 早在 2007 年，科技部和中国保监会联合下发了《关于进一步加强和改善对高新技术企业保险服务有关问题的通知》，并分别与北京市、天津市、重庆市、深圳市、武汉市人民政府以及苏州高新区管委会分别签署了《科技保险创新试点合作备忘录》[7]。通过与中国人民保险（PICC）①等合作，探索南繁科技保险和创业保险，拓宽创业的安全边界，规范定损程序，加强监督堵漏，减少风险。

4. 投融资中介 投融资中介是重要的专业化组织，能提高南繁"双创"主体获金融支持，让"双创"主体聚焦产品与服务本身。打造服务"一条街"，提供财务、法律、评估、信息、认证、代理等中介服务。

二、平台创建

（一）平台创建策略

参考广东省科技金融服务平台的建设方式，组建南繁硅谷投融资金融平台，并设立科技孵化资金撬动社会资金，包括引入天使资金、风险资金等。建议由海南省人民政府、农业农村部、南繁相关各级人民政府以及三亚市崖州湾科技城管理局相关投资平台主导，联合知名种业企业设立种业与生物技术产业风险投资集团，具体运营南繁硅谷投融资金融平台。

（二）创建主体与创建模式选择

南繁硅谷投融资金融平台的创建主体为投融资机构，政府主要创造条件支持投融资机构建设投融资平台，实现金融＋"双创"的良好局面，拓宽种业和生物技术产业融资通道。培育投融资金融平台的公信力，建立支撑体系，创新退出机制，完善监管体系，严格遵守公开、公正、公平三大原则，吸引社会投融资资金和资源，为产业提供专业化、规范化的投融资服务，促使创新创业资源沿着资源资产化、资产资本化、资本产权化、产权金融化、产权证券化的路径发展（图 9-1）[8]。

植物新品种权、农业科研成果等种业或农业领域的价值评估体系并未建立，品种权保护难度大，投资风险大，收益率相对不高，这些问题不解决，金融进入种业有一定的难度。需要培养种业领域专业的复合人才，并与投资人才一起参与平台的创建。

---

① 中国人民保险（PICC）已在南繁水稻制种保险方面积累了丰富的经验。

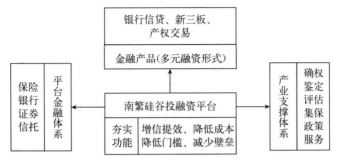

图 9-1　南繁硅谷投融资金融平台

三、平台运营

（一）平台运营策略

南繁硅谷投融资金融平台是南繁硅谷产业培育平台重要组成部分（见上章图 5-4）。南繁硅谷投融资金融平台作为创业支撑平台，重点建立起建设运营导向机制、立体网络效应机制、基于利益共享与风险共担的合作机制（价值共创）、基于信任或权威的服务机制，参考第五章第三节。

（二）运营主体与运营模式选择

南繁硅谷投融资平台也将涉及多个创建与运营主体，有利于不同投融资资源进入服务"双创"。运营的关键在于引入专业的投融资人才团队和熟悉种业运作的专业人才，更好地捕捉投资机会。

参考文献

[1] 边全乐，周宪龙. 全国农业科技成果转化交易服务平台建设刍议 [J]. 农学学报，2013，3（7）：67-73+78.

[2] 夏存海. 生态型双创平台的创新与实施 [M]. 北京：中国财政经济出版社，2017.

[3] 李巧，杨彦波，朱迪，等. 河北省创新创业平台服务设计与创新研究 [J]. 河北科技大学学报（社会科学版），2017，17（1）：7-11+17.

[4] 石思文，余泽远. 我国双创平台发展现状与模式探索 [J]. 经济研究导刊，2020（2）：63-64+81.

[5] 徐悦. 区域科技金融服务平台的构建及运行模式研究 [D]. 苏州：苏州大学，2015.

[6] 刘毅. 广东开启新常态下科技金融工作新思路 着力释放科技创新的金融资本倍增力 [J]. 广东科技，2015，24（21）：10-14.

[7] 佚名. 科技部、中国保监会确定首批科技保险创新试点城市 [J]. 中国高新技术企业，2007（8）：15.

[8] 西沐，宗娅琮. 我国文化产业投融资平台建构的理论分析 [J]. 北京联合大学学报（人文社会科学版），2018，16（2）：58-67.

第十章
南繁硅谷国际发展平台
创建与运营

第一节　功能定位

第五章对国家南繁硅谷平台功能定位进行阐述，南繁硅谷国际发展平台作为其核心子平台，要继续利用 TRIZ 九屏幕法对南繁硅谷国际发展平台进行系统性梳理，深入分析平台的功能。南繁硅谷国际发展平台是海南自贸港建设的应有之义，既要"引进来"，又要"走出去"，全力创造软、硬件环境，网合"两种资源"，开发"两个市场"，增强我国种业国际影响力。

一、主要定位

国际化是海南自由贸易港应有之义。习近平总书记十分重视国际交流合作，2021年 4 月，在考察清华大学时，他就强调要加强国际交流合作，主动搭建中外教育文化友好交往的合作平台，共同应对全球性挑战，促进人类共同福祉。促进国际科技合作也是大国战略组成部分①。欧盟就发布了《研究与创新的全球途径：瞬息万变的世界中欧洲的国际合作战略》②，涉及全球标准、开放数据和科学、科学外交、循证的政策制定等[1]。

南繁硅谷国际发展平台紧扣"以全球科技合作共同推动构建人类命运共同体"的博大胸怀，坚决利用"两种资源"和开拓"两个市场"，打造生物技术和种业开放先行区；大胆"引进来"，大步"走出去"，编织生物技术和种业的国际合作网络，加密南繁硅谷与世界生物技术和种业的联系，服务企业的市场开拓；加入国际种业知识产权保护体系，加速引进国际组织和第三方机构，加速南繁硅谷的国际化；加速国际人才和资本流入，加速南繁科技城成为世界生物技术和种业的关键节点。

二、核心功能

（一）种质资源引进中转

建设中转基地要重点在制度和流程上进行创新，争取在三亚崖州湾科技城设立"一站式"服务窗口，建设高效、安全、便捷的隔离检疫体系，实现农业、林业和海关等部门快速联动。

基于博鳌亚洲论坛、中国-东盟博览会、中非合作论坛北京峰会、"一带一路"国际合作高峰论坛、澜沧江-湄公河合作、区域全面经济伙伴关系协定（Regional Comprehensive

---

①　https：//baijiahao. baidu. com/s？id＝16974733804615114758.wfr＝spider&for＝pc

②　Global Approach to Research and Innovation：Europe's strategy for international cooperation in a changing world

Economic Partnership，RCEP）等涉外平台或合作体系，与多国在种质资源领域建立双边合作关系。在种子种苗检疫方面，争取取得与国际种子检验协会（ISTA）等①国际机构的合作。

（二）国际培训与教育

中央支持海南引入海外高质量的教育资源，为三亚崖州湾科教城打造特色国际化高等教育园区提供了顶层支持。2020年12月24日，教育部与海南省人民政府签署《共同加快海南国际教育创新岛建设合作协议》，推动境外理工农医类高水平大学、职业院校在海南自由贸易港独立办学。

海南在筹办国际教育方面可以向江苏省学习。江苏省在与国外大学联合办学方面积累了丰富经验，但与江苏等省相比，海南主要缺乏建校资金支持。争取本土高校与国外知名理工农医类高校联合办学，以便在三亚崖州湾科技城聚集国际科教资源。支持国内高等教育培训中介进驻三亚崖州湾科技城，鼓励相关中介引进优质的海外科教资源为国内人员提供学历教育资源。

（三）聚集与新建国际组织

国际农业研究磋商组织（CGIAR）[2]是由国家、国际及区域组织、私人基金会组成的战略联合体，为国际热带农业研究中心（CIAT）、国际热带农业研究所（IITA）、国际水稻研究所（IRRI）、国际玉米小麦改良中心（CIMMYT）、国际家畜研究所（ILRI）、世界渔业中心（World Fish Center）等15个国际农业研究中心的工作提供支持。三亚崖州湾科技城可以参考北京引入设立国际马铃薯中心亚太中心的方式，将上述国际机构引入。同时以中国为主导创建新型国际组织。参考国家林业和草原局国际竹藤中心的组建方式，争取在三亚崖州湾科技城建立国际农业科研机构，如：组建国际香料与药用植物中心（香料与药用植物曾是"一带一路"交往的重要物资）。参考良好棉花发展协会（Better Cotton Initiative，BCI），联合智利等以种子出口为主的南美洲国家新创一个与穿梭育种有关的国际组织或会议，如组办世界种子安全生产协会，增加发展中国家在种业领域的发言权；联合水产种苗国家，新创一个与水产种苗有关的国际组织或会议，如组办国际水产种苗健康育苗与养殖协会，进一步增强我国在水产领域的影响力。

（四）国际合作与交流

支持组办中国种子大会暨南繁硅谷论坛、中国（三亚）国际水稻论坛等国际论坛，增强种业领域的国际交流。未来参考三亚举办世界小姐比赛的模式，引入国际涉及种业、生物技术产业相关的国际会议或论坛。联合国际机构、国外科研院校，在三亚崖州湾科技城组建跨国实验室，构建国际人才工作载体，增强种业和生物技术领域国际合作。设立专项资金支持更多科研院所和高校的专业技术人才出国做长期（半年以上两年以下）访问学

---

① 国际种子检验协会（International Seed Testing Association，ISTA）在70多个国家设有成员实验室，致力于实现全球种子质量评估一致性。

者，帮助与国外科研院校建立起科研交流与合作关系。

同时，南繁硅谷国际发展平台要积极争取农业农村部、科技部、商务部、外交部等国家部委的支持，加快融入相关制度和机构，加强"走出去"与"引进来"的力度。我国在农业国际合作方面，一是设立了农业对外合作部际联席会议制度。该联席会议制度于2014年由农业部牵头，由国家发展改革委、商务部、外交部、财政部等19个部门共同建立，并通过"20＋20"机制等为企业"走出去"提供支持[3]。二是1992年成立的中国农业国际交流协会，是目前我国农业国际交流与合作领域规模最大、最具权威性与影响力的行业协会，已与进出口银行、国家开发银行等政策性银行、国际组织、各驻华使领馆以及中国驻外使领馆、境外重点国家主要行业商协会等建立交流与合作关系。三是在1998年成立的，经国务院批准、民政部注册、农业部管理的全国性、非营利的国家一级社团组织——中国农业国际合作促进会。该组织旨在促进农业人才、技术、投资与信息等方面的国际国内交流与合作。四是在1988年成立了由从事农业种子种植、流通及其相关业务的企业、社会组织等自愿结成的全国性、行业性社会团体——中国种子贸易协会。协会分别于1995年和2003年加入国际种子联盟（ISF）和亚太种子协会（AP-SA），在ISF理事会中拥有永久席位和重要话语权。五是我国已建立了农业对外合作公共信息服务平台（www.facisp.cn），专门提供海外农业研究、行业产品、政策法规和对外合作等方面的相关信息。

第二节　平台创建

一、平台创建策略

由政府主导南繁硅谷国际发展平台的创建，并发挥民间力量促进国际交流与合作。南繁硅谷国际发展平台的构成要素包括主体性要素、可控性支持要素和不可控性支持要素。其中，主体性要素主要包括：海南省人民政府、农业农村部、外交部（涉外）、科技部（外专局）、中国科技协会（海智计划）、中国科学院、国家发展和改革委员会支持下的平台立项与运行评估方，以及协助平台管理的三亚崖州湾科技城管理局等平台管理方，提供海外资源、实施海外活动的核心机构（如：隆平高科、荃银高科、科研院校），借船出海的平台使用方等边缘关联机构。可控性支持要素主要包括：政府以及科研院校主导建设的各类跨国联合实验室、国际会议、国际组织等，政府购买的管理系统、科研仪器共享系统，参与平台建设管理的科研院校与公共服务机构，组织构架、权力分配、创新激励等内部治理机制。不可控性支持要素主要包括：财税政策、海外人才激励政策等正式制度，国际交往氛围等非正式制度，以及我国涉外的外部资源。

维持南繁硅谷国际发展平台组织稳定性的动力为内在驱动力、外部推动力、吸引力、黏性力4力。其中，内在驱动力是我国种业"走出去"的内在需求；外部推动力指海南自由贸易港建设的需要；吸引力是涉外科技交流合作与产业交流合作形成的相互需求；黏性力指海外拓展对用户的黏合。

二、创建主体与创建模式选择

南繁硅谷国际发展平台创建主体主要是政府，由科研院所和高校承办，企业支持。南繁硅谷国际发展平台的创建模式采取借力＋聚力＋融合的模式。借力即争取引入外部支持与关注，帮助对标国际发展平台构建目标；聚力即创造软、硬件条件，将各种力量聚焦于三亚崖州湾科技城，帮助完成国际发展平台构建目标；融合即解放思想、拓宽国际视野，将海外资源嵌入三亚崖州湾科技城。

第三节　平台运营

一、平台运营策略

南繁硅谷国际发展平台作为国家南繁硅谷平台核心业务体系重要组成部分（参考图6-2）和战略性平台（参考图5-4），是国家南繁硅谷平台建设的重要使命之一。南繁硅谷国际发展平台是一个软硬兼重的平台，既要重视制度创新和合作网络建设，也要建设诸如中转基地这样的硬件设施。

南繁硅谷国际发展平台作为创新资源整合与融合平台，同样需要培育和提供学习力、创新力、聚合力、协同力、吸引力、影响力6种能力，要做到借力、蓄力、聚力、巧力、合力、发力6力齐发。重点建立起建设运营导向机制、领导权动态变化机制、资源共享机制、模块化耦合机制、立体网络效应机制、基于利益共享与风险共担的合作机制（价值共创）和基于信任或权威的服务机制，参考第五章第三节。

二、运营主体与运营模式选择

南繁硅谷国际发展平台的运营主体与创建主体基本一致。南繁硅谷国际发展平台涉及多个创建与运营主体，在政府支持下，各院所高校将是创建与运营的主体。目前在三亚崖州湾科技城尚未建成国际发展平台，可以预计南繁硅谷国际发展平台的运营模式基本上为财政主导混合型、公共型等单治理中心治理模式以及网络型等多治理中心治理模式（参考图6-15）。在运行过程中要加强外事人才的引入和培养，并争取国家外交部等部委的支持，推荐海南相关人员到国外涉外部门挂职，争取国际机构入驻，加强与相关国际组织的交流与合作[3]。

参考文献

[1] 彭颖．国际科技合作越是艰难险阻越要奋勇担当［J］．科技中国，2021（7）：18-20.

[2] 蔡义忠．国际农业研究磋商小组CGIAR与所属的国际农业研究中心介绍［J］．世界农业，1993（5）：46-49.

[3] 曹瑞澜，梁文静，胡冰川．农业国际合作与合作国际化：美国经验及其启示［J］．世界农业，2019（8）：79-84+128.

图书在版编目（CIP）数据

国家南繁硅谷平台的构建与运营研究／陈冠铭，孙继华，韩瑞玺著．—北京：中国农业出版社，2021.12
ISBN 978-7-109-28741-9

Ⅰ.①国…　Ⅱ.①陈…②孙…③韩…　Ⅲ.①作物育种－管理信息系统－研究－海南　Ⅳ.①S33-39

中国版本图书馆 CIP 数据核字（2021）第 170428 号

中国农业出版社出版
地址：北京市朝阳区麦子店街 18 号楼
邮编：100125
责任编辑：王琦瑢　李　瑜　张凌云
版式设计：王　晨　责任校对：刘丽香
印刷：北京通州皇家印刷厂
版次：2021 年 12 月第 1 版
印次：2021 年 12 月北京第 1 次印刷
发行：新华书店北京发行所
开本：787mm×1092mm　1/16
印张：12.25
字数：270 千字
定价：85.00 元